HISTOIRE

DE LA

MÉDECINE VÉTÉRINAIRE

DEUXIÈME PÉRIODE

HISTOIRE

DE LA

MÉDECINE VÉTÉRINAIRE

PAR

L. MOULÉ

Vétérinaire délégué du Département de la Seine

DEUXIÈME PÉRIODE

HISTOIRE DE LA MÉDECINE VÉTÉRINAIRE AU MOYEN AGE
(476 à 1500)

DEUXIÈME PARTIE

LA MÉDECINE VÉTÉRINAIRE EN EUROPE

PARIS

IMPRIMERIE MAULDE, DOUMENC ET Cie
144, Rue de Rivoli, 144

1900

Extrait du **BULLETIN DE LA SOCIÉTÉ CENTRALE DE MÉDECINE VÉTÉRINAIRE**

———

Tiré à Cent Exemplaires.

———

HISTOIRE

DE LA

MÉDECINE VÉTÉRINAIRE

PAR

L. MOULÉ

Vétérinaire délégué du département de la Seine.

DEUXIÈME PARTIE

La Médecine vétérinaire en Europe

En publiant cette deuxième et dernière (1) partie de l'*Histoire de la médecine vétérinaire au moyen âge*, je n'ai pas la prétention de faire l'historique de cette science chez les différents peuples de l'Europe. Il m'eût fallu, non seulement posséder une connaissance approfondie des idiomes étrangers, mais être à même surtout de consulter les nombreux documents, tant manuscrits qu'imprimés, disséminés dans les bibliothèques et dépôts d'archives des divers États européens.

Je me suis donc borné à donner un aperçu de la médecine vétérinaire médiévale en Europe d'après les histoires vétérinaires publiées à

---

(1) La première partie a été publiée dans le *Bulletin de la Société centrale de médecine vétérinaire*, années 1895 et 1896.

Il en a été fait un tirage à part de cent exemplaires.

l'étranger, et, d'après les nombreux documents bibliographiques mis à ma disposition à la Bibliothèque nationale et à la bibliothèque de l'École vétérinaire d'Alfort. Je me suis surtout efforcé de dresser une liste aussi exacte que possible des principaux manuscrits antérieurs au seizième siècle. Cette liste a son importance. Elle seule nous permettra d'avoir une idée approximative de l'étendue des connaissances vétérinaires à une époque où la diffusion des idées littéraires et scientifiques était si difficile, si lente, si coûteuse. La découverte de l'imprimerie n'eût, en effet, au XV⁰ siècle, que peu d'action sur la propagation des idées vétérinaires et agricoles. Bien peu de ces ouvrages peuvent revendiquer le titre d'incunable. Tout au plus pourrait-on signaler quelques rares éditions d'Albert le Grand (1478), de Ruffus (1492), de Crescens (1471, 1476, 1480, 1490), de Glanvil (1472, 1482), de Rusius (1486).

Au moment où je préparais la première partie de cette histoire, j'avais cru devoir la diviser en trois parties : Arabes, Europe, France. Je n'ai pas tardé à m'apercevoir que cette division était arbitraire, la science vétérinaire française n'étant à cette époque, comme du reste celle de la plupart des États européens, que le reflet de la science hippiatrique italienne. Cette deuxième partie aura donc pour objet l'étude de la vétérinaire en Europe, France comprise. Si pour des raisons sus-indiquées j'ai dû esquisser à grands traits l'histoire de la vétérinaire à l'étranger, j'ai du moins fait tous mes efforts pour que la partie française fût aussi exacte, aussi complète que possible, et je n'ai rien négligé pour mener à bien cette étude, si longue et si difficile qu'elle ait été.

Neuilly-sur-Seine (1897).

I

La médecine vétérinaire au moyen âge. — Son parallèle avec celle de l'antiquité et des Arabes. — Exercice de la médecine vétérinaire. — La médecine vétérinaire laïque et religieuse.

I

La médecine vétérinaire au moyen âge en Europe.

Dans la première partie de ce travail, je me suis longuement étendu sur cette période de l'antiquité si féconde en progrès de toutes sortes. J'ai montré que la Grèce, bien que vaincue par les armes, sut pendant longtemps encore garder la prépondérance dans les lettres, les sciences et les arts. On a vu comment les Romains surent tirer profit de la science hellénique et tenir haut et ferme le flambeau de la civilisation. Rien ne faisait donc prévoir qu'il dut s'éteindre si rapidement sous ce vent violent de guerres et d'invasions qui souffla avec tant d'intensité pendant la première partie du moyen âge. Ce fut bien longtemps après que l'Europe put enfin tirer profit des bienfaits d'une civilisation restée enfouie pendant des siècles sous des monceaux de décombres.

Il serait extrèmement intéressant de suivre pas à pas les progrès de cette évolution intellectuelle. Malheureusement, une étude de cette nature nous conduirait beaucoup trop loin et nous écarterait du sujet que je me suis proposé de traiter. Je me bornerai donc à esquisser à grands traits l'état de la vétérinaire dans les divers États où j'ai pu relever quelques traces de son évolution.

1. EMPIRE BYZANTIN. — Depuis le démembrement de l'empire romain, c'est-à-dire depuis la formation de l'empire d'Orient jusqu'au moment où Byzance (aujourd'hui Constantinople) tomba définitivement aux mains de Mahomet II (29 mai 1453), l'empire Byzantin passa par une série d'épreuves, une alternative de revers et de victoires, qui ne l'empêchèrent pas de conserver à son apogée la civilisation. Cela tenait en grande partie à l'hellénisme dont les profondes et fortes racines s'étaient implantées dans

l'empire d'Orient. Ce fut surtout du neuvième au onzième siècle que la civilisation byzantine jeta le plus vif éclat. Constantin VII, dit le Porphyrogénète (905-959), en s'entourant de savants et de littérateurs, contribua beaucoup à ce développement scientifique et littéraire. C'est grâce à lui que sont parvenus jusqu'à nous ces deux importants recueils des agronomes et des hippiatres grecs, les *Géoponiques* et l'*Hippiatrique*, qui, sans la précaution qu'il eut d'en rassembler les morceaux épars, eussent été à jamais perdus.

Quant aux traités vétérinaires réellement byzantins, nous n'en avons recueilli nulle trace. C'est tout au plus si nous pouvons citer deux auteurs, dont les œuvres n'ont que de lointains rapports avec la pathologie animale : Démétrios Pépagomenos et Phémon, auteurs de traités de vénerie et de fauconnerie.

2. ESPAGNE. — Parler de l'Espagne à l'époque médiévale, serait refaire l'histoire de la civilisation arabe. Nous savons en effet que ces peuples conquérants, pendant leur séjour dans la péninsule ibérique, firent de ce pays, non seulement la contrée la plus fertile, mais encore l'État le plus civilisé de l'Europe occidentale. Parmi les écrivains vétérinaires espagnols, d'origine arabe, figurent : Garib Ben Saïd, Abou Mohammed Abdalla Lakhamita de Cordoue, Hadj Ahmed de Grenade, Ibn Al Awan de Séville, Zaïn El Din d'Andalousie, dont la biographie a été donnée dans la première partie de ce travail.

Les Arabes ne sont pas restés maîtres de l'Espagne jusqu'à la fin du quinzième siècle : dès le quatorzième, leur mouvement de recul était déjà fortement prononcé. De cette époque date une littérature nationale destinée à remplacer la littérature des envahisseurs. Ce mouvement littéraire s'étendit aux traités vétérinaires, écrits pour la plupart en langue castillane, dont le fonds était le latin vulgaire.

Les auteurs vétérinaires espagnols antérieurs au seizième siècle sont : Jacmes de Castres, Juan Alvarez Salamiellas, Bernardo Portuguès, Manuel Diaz. A cette époque apparurent aussi des traités de fauconnerie, dont plusieurs manuscrits anonymes sont parvenus jusqu'à nous. L'un d'eux même est attribué au roi Alphonse XI.

Au moyen âge, la vétérinaire (*Albeyteria*) et les vétérinaires (*Albeytar*, de l'arabe *Beitar*) étaient déjà fort en honneur. Il existait déjà au XIVe siècle, sous Ferdinand V, un tribunal *Protoalbeylerato*, qui avait pour mission de faire subir un examen aux vétérinaires et maréchaux, avant de leur délivrer un permis d'exercer. Ce tribunal existait encore en 1835. (Koch, t. III, p. 545).

3. ALLEMAGNE. — La vétérinaire allemande fut au début peu florissante et resta confinée aux mains de vulgaires sorciers, de guérisseurs, etc., etc. Au huitième siècle, on trouve déjà une série d'exorcismes contre les mala-

dies des chevaux, particulièrement contre la morve, le farcin « knopf », le charbon « hunschi », les tumeurs « buil », la gourme « dries », le glossanthrax « wild bloutt », la pousse « gesper », etc., etc. Au onzième siècle, dans la physique de sainte Hildegarde, sont signalées quelques recettes thérapeutiques contre la peste, la maladie des moutons, l'angine, la bronchite, les maladies vermineuses du chien, les maladies des bœufs, des porcs, etc., etc.

Parmi les auteurs qui se sont occupés de médecine vétérinaire en Allemagne, le grand philosophe Albert le Grand, tient la première place. Malheureusement ses notions vétérinaires, si merveilleusement écrites, sont peu nombreuses et beaucoup trop concises. On peut encore citer, au douzième siècle, l'empereur Frédéric II, auteur d'un traité d'aviceptologie, qui, bien que d'origine allemande, devrait plutôt figurer parmi les écrivains d'Italie ou de Sicile, où il fut élevé, où il passa la plus grande partie de son existence. Viennent ensuite Mauro au quatorzième siècle, Albrecht au quinzième.

4. ANGLETERRE. — Aucune œuvre vétérinaire sérieuse, du moins à notre connaissance, n'est apparue en Angleterre pendant la période médiévale. Nous citerons cependant deux traités d'agronomie et d'histoire naturelle, contenant à peine quelques brèves indications relatives à notre médecine. Le traité d'économie rurale, écrit en langue française, date du treizième siècle. Celui de Glanvil est du quatorzième. C'est une sorte d'encyclopédie d'histoire naturelle qui, malgré son peu de valeur, fut extrêmement répandue.

L'Angleterre, ravagée par de nombreuses épizooties, dut plusieurs fois cependant recourir aux personnes compétentes pour enrayer la marche du fléau. Déjà, vers l'an 800, dans les lois de Walis, sont signalées quelques notions concernant la pathologie animale, notamment les vices rédhibitoires.

5. ITALIE. — L'Italie, malgré les invasions barbares qui la ravagèrent, malgré ses luttes séculaires contre les Allemands qui y régnèrent en maîtres, malgré le manque d'unité entre les divers États qui la constituaient, malgré enfin ses luttes intestines qui durèrent presque jusqu'à la fin du quinzième siècle, fut de tous les États du moyen âge un de ceux où la civilisation produisit les racines les plus hâtives et les plus profondes.

Elle apparaît déjà sous Frédéric II, roi de Sicile, un des précurseurs de la Renaissance italienne. C'est de cette époque que datent l'Université de Naples et celle de Salerne, dont la renommée médicale s'étendit si loin. Mais ce fut seulement au quatorzième siècle qu'apparurent les premiers chefs-d'œuvre. Les noms de Dante Alighieri, de Pétrarque, de Boccace, parmi les littérateurs ; de Filippo Lippi, de Pietro Vannuci, dit le Pérugin, de Léonard de Vinci, de Michel-Ange, parmi les peintres, en sont la preuve.

La médecine vétérinaire suivit ce mouvement ascensionnel des lettres, des sciences et des arts. L'Italie peut être considérée comme le berceau de la vétérinaire des temps modernes. Les traités manuscrits, parus à cette époque, bien qu'inférieurs à ceux de l'antiquité, furent le point de départ de travaux analogues dans les États voisins où la science vétérinaire était encore à l'état embryonnaire. Nombreux sont les travaux des vétérinaires et agronomes italiens antérieurs au seizième siècle. Ce sont : au *douzième siècle*, Hippocrate, Mosé de Palerme, Frédéric II, Ruffus, Bonifazio, Théodoric, Crescenzi, Jacopo Doria ; au *quatorzième*, Ruzio, Uberto di Cortenova, Dino Dini, Bartolomeo Spadafora, Martino de Bologne ; et au *quinzième*, Bartolomeo Grisone, Viscanto Girolamo, Piero Andrea, Facio, Giovanni, Giorgio, Columbre. Plus nombreux encore sont les manuscrits anonymes d'hippiatrie et de fauconnerie disséminés dans les divers dépôts d'archives.

6. FRANCE. — Cette évolution intellectuelle en Italie ne fit sentir ses effets que beaucoup plus tard en France. Ce fut seulement sous François Ier que la Renaissance brilla de tout son éclat. Pendant toute la durée du moyen âge l'évolution de la vétérinaire française fut très lente, et ne fut pour ainsi dire que le reflet de la vétérinaire italienne. La langue latine étant commune à la plupart des peuples européens, les principaux manuscrits vétérinaires italiens, écrits en latin, ont dû servir de guide à tous ceux qui, en France, se livraient à l'étude du cheval et de ses maladies. Quand la langue française se substitua au latin, le besoin de traductions se fit sentir. C'est alors que parurent ces manuscrits français des quatorzième et quinzième siècles, dont plusieurs se trouvent encore à la Bibliothèque Nationale, à la Bibliothèque Mazarine, à l'Arsenal et dans quelques bibliothèques de France et de l'étranger. Ce sont ceux de Ruffus, de Théodoric, de Manuel Diaz, de Crescens, de Glanvil, de Frédéric II, etc., etc.

La découverte de l'imprimerie aida peu à la diffusion de la science vétérinaire, aucun des traités d'hippiatrie n'ayant eu les honneurs de l'impression avant le seizième siècle. Seuls les traités d'agronomie de Crescens, d'histoire naturelle de Glanvil, eurent des éditions incunables.

La vétérinaire française fut donc pendant cette période tributaire de l'étranger et notamment de l'Italie. C'est tout au plus si nous pouvons citer comme nôtres Feschal et Guillaume de Villiers. Parmi les agronomes, Jehan de Brie est bien d'origine française, mais ses notions sur la pathologie ovine sont bien diffuses et succinctes.

Par contre, la fauconnerie et la vénerie ont été très florissantes, et, bien que ces sciences ne soient pas d'origine française, leur rapide diffusion en France, le nombre incalculable de manuscrits parus, en font une science que nous pouvons revendiquer comme nôtre. Les œuvres de Dancus, du roi Modus et de la reine Ratio, de Phébus, de Jehan de Francières, d'Artelouche de Alagone, de Tardif, ont laissé de nombreux matériaux sur la pathologie canine et aviaire.

II

Exercice de la Médecine vétérinaire.

A. — La médecine vétérinaire civile.

Au moyen âge, nous ne trouvons plus trace des mots ἱππιατρος, *mulo-medicus*, *veterinarius*. Cependant Albert le Grand emploie encore quelquefois le mot « *medicus equorum* » (*De Animalibus*, liv. VII, ch. 2.). Il semble que ces expressions, qui caractérisaient si bien les personnes chargées de donner leurs soins aux animaux malades, aient disparu en même temps que la civilisation antique. Elles ont été remplacées par les mots : *Marescallus*, *Mareschal*; et *Marescalcia*, *Maréchaucie*, qui servirent à désigner l'art de guérir les maladies des animaux domestiques. Elles s'appliquaient non seulement aux maréchaux ferrants, mais aussi aux titulaires de fonctions d'un ordre beaucoup plus élevé, tels que connétable, maréchal de camp, etc., etc. Mais, quoi qu'en aient dit certains historiens de notre profession, nos origines ne sont pas aussi relevées. C'est parmi les simples maréchaux qu'il faut aller rechercher les sources de notre médecine. Nous n'avons pas à en rougir, car pendant cette période la médecine humaine n'était pas mieux partagée. La chirurgie, si brillamment représentée actuellement, était entre les mains de sorciers, de barbiers, de charlatans de toutes espèces.

Le maréchal ferrait les chevaux et était aussi appelé à leur donner des soins en cas de maladie. Les citations suivantes en fournissent la preuve :

Dans le *Traité des animaux*, d'Albert Le Grand, l. VII, ch. 2, il est dit :

« Il appartient aux *maraschalci*, *marescalcie* de connaître toutes les « infirmités et remèdes des chevaux. »

Plus loin, à propos de vers intestinaux, il est question de quelques habiles en maréchalerie, « *periti in mareschalia* », capables de guérir les animaux qui en sont atteints.

« Qui acquiert son vivre et ce que mestier li est de mareschaucir chevals
« et de medeciner et guerir bestes. » (Introd. d'*Astron.*, Richel, 1353, f. 58).

« Se li kevaus est blechies on le mettera en la main du *mareschal* et
« paiera chil a cui il est loues le despens du keval et de la *maressaucherie* ».
(Seconde coutume de la cité d'Amiens, ap. A. Thierry. Monum. inéd. du
Tiers-État, t. I, p. 175).

« Touz les chevaus que il achatent muerent avant le chief de l'an ; car
« il ne les sevent tenir ne garder, et aussi n'ont il nulz *mareschaux*. »
(Marc. Pol. 615.)

Dans la *Vie de saint Éloi*, par saint Ouen, l. II, ch. 46, il est longuement
question du cheval que montait saint Éloi. Après la mort du saint, il devait
échoir à l'abbé de la basilique de Noyon ; mais il fut enlevé par l'évêque dudit
ieu. A partir de ce jour, le cheval, de doux qu'il était devint méchant ; il
« commença par avoir mal aux pieds et à sécher par la maladie. » L'évêque
fit appeler le « *mareschal* » et lui ordonna d'employer tous ses soins pour
guérir le cheval.

« Les médecins et *mareschaux* tuent les gens et les chevaux. » (Du Ver-
dier. Div. leçons, 512).

« Que chascun dudict mestier fera bonne et laquelle euvre, tant en
« *cure* de chevaulx, comme d'ouvrer de fer..... celui qui veut ouvrir forge
« devra prêter serment à cette ordonnance...... pourveu que icelluy soit
« trouvé souffisant et qu'il sache forger et ferrer, seigner et appareiller science
« chevaulx souffisamment au regard de la justice et des gardes. » (Statuts
des maréchaux de Rouen, 1464. Ordonnances des rois de France, t 16).

L'écuyer d'écurie avait sous sa direction tout le personnel de l'écurie,
écuyers, palefreniers, laquais, valets de chevaux et des « *mareschaux qui
ferrent et médicinent les chevaux* ». (État de la maison du duc Charles de
Bourgogne, dit le Hardy, en 1474. Michaut et Poujolat.)

On pourrait multiplier les exemples, mais rien ne peut mieux nous
convaincre que les nombreux traités de pathologie vétérinaire écrits par les
maréchaux du moyen âge. Ce sont ceux de Ruffus, maréchal de Frédéric II ; Maurus, maréchal de l'empereur d'Allemagne ; Marco, maréchal
de l'empereur de Constantinople ; Rusius, qui fut à Rome au service du
cardinal Napoleone Orsini ; Dino Dini qui comptait sept maréchaux dans sa
famille ; Agostino Columbre, etc., etc.

La vétérinaire n'était pas exclusivement entre les mains des maréchaux ;
des personnes plus élevées dans la hiérarchie sociale ne dédaignaient pas de
s'occuper de cette science. Nous citerons, entre autres, le grand philosophe
Albert Le Grand ; Bonifazio, chevalier et seigneur de Gerace ; Théodoric,
évêque de Cervie ; Manuel Diaz, majordome de la cour du roi Alphonse V ;
Guillaume de Villiers, etc., etc.

Dans la littérature française, il est parfois question de personnes donnant leurs soins aux chevaux sans que leur nom soit suivi d'un qualificatif quelconque, notamment dans une chanson de geste du quatorzième siècle (Florent et Octavian. *Histoire littéraire de la France*. Bib. Nat. Manuscrit fonds français, n° 1452).

Dans le cours d'un amoureux entretien entre Florent et Marsebille, celle-ci fait l'éloge du beau cheval *Cornuel* que possédait son père le Soudan. Dès lors Florent se sent partagé entre le désir de posséder sa maîtresse et *Cornuel*. Une des personnes de sa suite, à qui incombait le soin de garder les chevaux en bonne santé, Clément, ayant été désignée, à cause de ses connaissances en « *sarrasinois* », pour servir d'interprète au héraut que Dagobert envoyait au Soudan, fut chargée de lui procurer *Cornuel*. Arrivé devant le Soudan, Clément s'exprime en ces termes :

> « Pour ce que de chevaulx guarder scay la mestrise,
> « Ma fait le Roy oster d'une chartre pourrie
> « Pour ses chevaux guarder de mainte maladye. » (Vers 5074).

« Qui es-tu ? lui demande le Soudan.

> « Malmecroiz ay nom, dit-il. . . . .
> « Et scay chevaulx guarder de mainte maladie. » (Vers 5097).

Tu ne pouvais arriver plus à propos, car mon beau cheval *Cornuel* est malade. Tu vas l'examiner.

Malmecrois l'examine et dit :

> « Sire, par Mahomet, vous aves bon destrier,
> « Galle n'a ne suros, bien le puis tesmoignier,
> « Ne esparvain ne chose qui le face encombrier. » (Vers 5119.)

Il boite (*cloche*) un peu, ajoute-t-il, mais je ne puis savoir pourquoi si je ne le monte. Ayant reçu du Soudan l'autorisation de le faire, il enfourche le cheval et disparaît.

Nous venons de voir que les maréchaux s'occupaient des maladies des chevaux ; donnaient-ils également leurs soins aux autres animaux malades ?

C'est probable, car on lit dans Crescens, L. 9, ch. 66, à propos des abcès du cou, des plaies « user de médecines consolidatrices de chair, comme il « est dit aux chevaux, dont les maréchaux de bœufs usent « *mariscalcia* « *boum* » et plus loin : L, 9, ch. 66, « plusieurs maladies surviennent aux « bœufs que les « *mareschaux* » savent bien connaitre et guérir par especial « ceux qui sont très experts. »

Toutefois, la médecine des bovidés était le plus souvent exercée par les bouviers, les pasteurs, parfois désignés sous le nom de *meges* (médecins).

« Ceux qui exerçoient ces cruautez n'estoient pas chirurgiens, mais

« paysans ignares, qu'on appelle en ce pays *meges de bœuf* (Loys. Guyon.
« *Miroir de Beauté*, II, 103ᵉ, éd., 1615. Godefroy.) »

Quant aux moutons, les soins médicaux leur étaient donnés par les bergers (*pastores*), ainsi que le prouvent les citations suivantes empruntées à une traduction de l'économie rurale de Crescens et au livre de Jehan de Brie.

« Les moutons ont aussi plusieurs maladies que les saiges bergers gué-
« rissent et connaissent » (Crescens, L. 9, ch. 74.)

« Il appartient au maitre pasteur de pourvoir aux vivres et à la médecine
« des bestes » (Crescens, L. 9, ch. 80).

« Le berger doit être loyal et diligent sur la cure des brebis. A sa cein-
« ture doit pendre : boiste à l'ongnement en ung estuy de cuir. Un bon berger
« ne doit pas plus être trouvé sans la boiste à l'ongnement qu'un notaire
« sans écritoire, car ce est le plus notable et plus nécessaire de ses instru-
« ments et oultilz. Ave ce doit avoir un canivet ou coutel aigu pour picoter et
« oster la rongne des brebis, afin que l'ongnement pénètre mieux, ung cyseaux
« pour couper la laine par dessus la rongne. Il ne doit pas avoir le côté
« dextre gêné afin qu'il puisse oindre, seigner ou besongner sur les brebis
« plus prestement. » (Jehan de Brie, ch. 8.)

La pathologie canine était du ressort de tous, chirurgiens, pharmaciens, maréchaux, veneurs, s'y prêtaient dans la mesure de leurs moyens.

Ainsi Phébus, à propos des luxations dans l'espèce canine, ch. 16, dit :
« Le meilleur remède qui y soit est de les y faire retourner à ung homme
« qui bien le sache faire. »

A propos de l'extirpation du ptérygion il s'exprime en ces termes (ch. 16) :
« et ceste chose sçaivent bien faire les « *mareschaulx* » car, ainsi comme
« l'ongle se traict à ung cheval, ainsi se traict-il à ung chien. »

Dans les extraits de comptes (*Comptes de l'Hôtel* des xivᵉ et xvᵉ siècles, publiés par la *Société de l'Histoire de France*) on trouve plusieurs indications relatives aux personnes chargées de donner leurs soins aux chiens de Charles VI et de Louis XI.

« 1ᵉʳ Mai 1398. — A Bertholet de Beauvez, sirurgien et varlet de cham-
« bre de monditseigneur (Charles VI), auquel monditseigneur avoit donné
« pour certains manguemens et emplastres qu'il a ordonnez pour ung des
« chiens de monditseigneur appelé Chappelain..... 6ˡ. 15ˢ.ᵗ. » (Extrait des
Comptes de l'Hôtel du roi Charles VI.)

« 1478-1481. — A Estienne Advenat, escuier de cuysine pour le rem-
« bourser de pareille somme qu'il avoit baillée du sien, en l'année
« précédente, à deux cirurgiens qui avoient vacqué par l'espace de quatre
« moys et plus pour avoir pensé et habillé ung des levriers dudit seigneur....
« 16ˡ. 10ˢ.ᵗ. » (Extrait des *Comptes de la Chambre de Louis XI.*)
« A Guion Moreau, appothicaire dudit seigneur pour le pansement de plu-
« sieurs parties d'appothicaire....... comme pour plusieurs parties d'oigne-
« mens, lavemens, emplastres, pouldres qu'il a pareillement baillées et
« livrées par l'ordonnance et commandement dudit seigneur pour habiller

« et mediciner ses chiens et levriers qui estoient bleciez et malades.....
« 65¹. 14ˢ. 8ᵈ. (Extrait des *Comptes de Louis XI*).

Le 19 février 1480, par ordre de Louis XI, essai d'un poison sur un chien;
en présence du maire, de quatre échevins, du maître d'hôtel du roi. Autopsie faite le lendemain par « sept barbiers et cirurgiens ». (*Bibliothèque de
l'École des Chartes. 4ᵉ Série, t. I.*)

En dehors des personnes que nous venons d'indiquer il y avait des châ-
treurs de profession.

« Pour la poine d'un *chastreur*, pour avoir chastré quatre lices » (Cimber
et Danjou. — *Archives curieuses de l'Histoire de France.* — Extrait des
Comptes de Louis XI.)

B. — La Médecine vétérinaire militaire.

Nous venons de parler des guérisseurs civils, disons maintenant quelques
mots des maréchaux militaires, qui suivaient au même titre les armées belligérantes ou la cavalerie des princes en voyage.

Dans la chanson de la croisade contre les Albigeois, en 1206, ch. CLXIX,
Société de l'Histoire de France, on lit :

« Ils se combattent et se frappent avec une telle ardeur que de blessures
« et de mal chacun d'eux devait avoir sa large part. Quant les Français virent
« qu'ils n'avoient plus rien à gagner, ils revinrent à leurs tentes et ceux de
« la ville à leurs demeures. Des deux côtés les médecins et les maréchaux
« demandent des œufs, de l'eau, de l'étouppe, du sel, des onguents, des
« emplâtres, des bandes d'étoffes pour les coups et blessures.

> « D'entr'ambas las partidas li *metge* el *mareschal*
> « Demandan aus e aiga e estopa e sal
> « E unguens e empastres e bendas a venal
> « Pels colps e per las nafras de la dolor mortal » (vers 4909).

Guillaume Anelier de Toulouse (*Histoire de la guerre de Navarre*, 1276-
1277. — *Société de l'Histoire de France*), s'exprime à peu près dans les
mêmes termes :

« Et sur ces entrefaites, des deux côtés également, ils entrèrent par les
« villes l'un et l'autre avec enseigne et la campagne reste sanglante et la
« place et la roseraie. Et vous verriez demander médecins et maréchaux,
« étoupe et blanc d'œuf, huile bouillie et sel, emplâtre et onguent et bandes
« de toile fine. »

> « E viratz demandar *meges* e *marescal* » (vers 4421).

En 1416, Drouet Guibert, mareschal à Lisy-sur-Ourc adresse la requête
suivante :

« Que comme le duc de Bourgongne estant derrenièrement en la ville de
« Laigny-sur-Marne, le sire de Vergy, son filz, et plusieurs autres seigneurs et
« gens armez en très grant nombre, se feussent venus logier en ladicte
« ville de Lisy, en laquele ilz demeurèrent et séjournèrent. Pendant lequel

« plusieurs d'iceulx gens d'armes menèrent ou firent mener devers ledit
« suppliant chevaulx qui lors estoient malades et malhaignés de plusieurs
« maladies. Et pour ce que ledit suppliant les gary et qu'ilz virent et apper-
« çurent en lui très grant souffisance de son mestier, ils lui firent très grant
« chère et lui monstrèrent très grant signe d'amour. »

Drouet Guibert partit avec eux à Lagny, puis en Flandre, et revint ensuite
à Lisy d'où il demanda lettre de rémission pour s'être absenté de son pays.

C. — La médecine vétérinaire religieuse.

« Ces Recueils et les légendes hagiographiques du moyen âge prouvent
« que les rites et les instruments du culte, l'Eucharistie, les reliques, l'eau
« bénite, l'exorcisme, la prière, la confession étaient considérés générale-
« ment comme des fétiches ou des formules magiques qui avaient une puis-
« sance mystérieuse »………

« Les reliques, qui ont tenu une si grande place dans la vie civile et reli-
« gieuse du moyen âge « *potiora lapidibus preliosis ossa* », n'étaient autre
« chose que des talismans. Ces os sacrés qu'on enfermait dans des châsses
« d'orfèvrerie, pour lesquelles on bâtissait ensuite d'immenses châsses de
« pierre, comme la Sainte-Chapelle de Paris, la Sainte-Chandelle d'Arras, la
« Spina de Pise, passaient pour avoir des vertus vraiment féeriques ».

« Les reliques, dit M. le comte de Riant, attiraient, aux jours de fêtes
« spéciales instituées en leur honneur, un immense concours de pèlerins,
« et, avec eux des aumônes si abondantes que l'objet vénéré, tout en res-
« tant le trésor spirituel du sanctuaire assez heureux pour le posséder,
« devenait ensuite pour celui-ci la source de trésors temporels souvent
« considérables. »

(Ernest Lavisse et Alfred Rambaud. *Histoire générale* du IVe siècle à nos
jours. T, 2. Ch. X, p. 539.)

C'était une source de revenus, un drainage de capitaux qu'il fallait encou-
rager le plus possible. Aussi le clergé étendit-il de bonne heure le bénéfice
de ces grossières superstitions basées sur la crédulité publique, aux maladies des animaux. Non seulement les saints, soit par eux-mêmes, soit par
leurs reliques, mais même les saintes, prirent part à cette succession de miracles qu'on ne s'explique guère quand il s'agit d'animaux. On en trouve de
nombreux exemples dans le *Recueil des Bollandistes,* dans les *Acta Sanctorum.*

Les plus nombreux sont ceux relatifs à l'intercession des saints pendant
ces épizooties si fréquentes et si meurtrières à une époque où la thérapeutique, l'hygiène, étaient dans un état si rudimentaire. Mais là ne se bornait
pas leur intercession, elle s'étendait aussi aux animaux méchants, indomptés

ou attaqués de maladies diverses : boiteries, météorisme, fourbure, coliques, etc., etc. Ils allaient même jusqu'à ressusciter les morts. Dans les recueils hagiographiques on cite plusieurs exemples d'animaux morts, dépouillés même, qui revinrent à la vie. Mais on ne dit pas si à ce moment ils recouvraient la peau qu'on venait si malencontreusement de leur enlever.

Devons-nous nous étonner de ces pratiques superstitieuses à une époque où la foi était si ardente et la crédulité si vive? N'y a-il pas encore de nos jours, des personnes disposées à ajouter foi aux intercessions miraculeuses des saints. Cette croyance même n'est-elle pas mise à profit dans certaines localités de la France, où elle constitue une source de bénéfices pour les églises qui l'exploitent.

Dans le Finistère, à sept kilomètres de Huelgoat, la chapelle de Saint-Herbot, patron des bêtes à cornes, est très fréquentée par les propriétaires de bestiaux. Il n'y a pas bien longtemps, le jour du pardon, qui a lieu en mai, on faisait faire aux pèlerins, ainsi qu'aux animaux, le tour de la chapelle. Aujourd'hui ils en sont dispensés moyennant une redevance, une poignée de crins de la queue, dont le produit est évalué annuellement de 15 à 1,800 francs. Ce produit est doublé en cas d'épizootie dans la contrée.

Dans le même département, à quatre kilomètres de Landerneau, sur le plateau de Saint-Éloi, s'élève une chapelle dédiée à Saint-Éloi, patron des chevaux. Tous les ans, le jour du pardon, les chevaux des environs assistent à la procession et leurs cavaliers déposent devant l'autel une poignée de crins.

A Saint-Nicolas-des-Eaux, commune de Plumeliau (Morbihan), existe une chapelle dédiée à saint Nicodème. Le premier samedi du mois d'août, les bœufs de la contrée y sont conduits processionnellement. Il est d'usage d'offrir au saint quelque jeune tête de bétail.

Au-dessus du portail de la vieille église de Carnac (Morbihan), célèbre par ses alignements de menhirs, saint Cornély est représenté entouré de vaches, de veaux et de moutons. Chaque année, du 10 au 15 septembre, les Bretons du pays de Vannes font faire le tour de l'église à leurs bestiaux, tenus en laisse par une corde ou « attache » bénite qui passe pour préserver les animaux des maladies contagieuses. Comme rémunération de ses bons service saint Cornély accepte tout, dons en nature, en argent, etc., etc. Les plus riches offrent des animaux qui sont aussitôt vendus à la criée au profit de la cure. En gens pratiques, le clergé de Vannes fait coïncider la fête de saint Cornély avec une foire aux bestiaux.

Nous pourrions multiplier ces exemples, mais nous espérons y revenir plus longuement dans une étude spéciale sur les saints guérisseurs. Pour le moment, nous nous bornerons à mentionner, à titre de document, quelques-uns des principaux miracles, relatifs aux animaux, signalés au moyen âge.

1. — Saint Ambroise. En traversant les marais de Glanis ou Clanis, au-dessus de l'Arno, près d'Arretium (aujourd'hui Arrezo, Italie), un cavalier vit son cheval subitement atteint de *confusio* (probablement la fourbure), et dans l'impossibilité d'avancer. Il pria saint Ambroise de rendre la santé à son cheval, ce qui fut fait instantanément. (*Acta Sanctorum*, t. VIII, p. 240.)

2. — Saint Martin. Une épizootie meurtrière décimait les troupeaux. Une personne se rendit alors à la basilique de Saint-Martin, prit de l'huile des lampes et de l'eau bénite, et, en aspergea le front et le dos des animaux qui n'avaient pas encore été atteints. « Aussitôt, plus vite que la pensée, la peste (*pestis*) mystérieuse fut chassée et les animaux délivrés. » (Ch. 18, p. 219.)

Dans les environs, il y eut une grande mortalité sur les chevaux. Pour la conjurer, plusieurs personnes allèrent à l'oratoire du domaine de Marcia, faisant partie des possessions de saint Martin, et firent vœu de donner à cette chapelle la dîme des chevaux qui échapperaient à cette maladie. Cet acte leur ayant profité, elles ajoutèrent qu'elles imprimeraient sur le front de leurs chevaux la marque de la clef de la porte de l'Oratoire (Grégoire de Tours. *Le Livre des Miracles*. L. III, ch. 33, p. 235). — L'abbé Le Beuf (Saint Ouen). *Vie de saint Éloi*. Note, p. 143) croit que c'est là l'origine de cette pratique consistant à attacher des fers de chevaux à la porte de l'église Saint-Séverin, à Paris. C'est pour ce même motif que des fers sont déposés à la porte de l'église collégiale de Saint-Martin de Châblis et à celle de Saint-Martin-d'Erblai, près Conflans-Sainte-Honorine.

3. — Saint Théodore. Dans sa vie, écrite par Siméon Métaphraste, on lit que par ses bénédictions il préservait de maladies toutes sortes d'animaux. A cet effet, on lui apportait de toutes parts des licols, des clochettes, qu'on suspendait au cou des animaux. Sur tous ces objets il donnait sa bénédiction et les animaux malades étaient aussitôt guéris. (Le Vasseur, ch. 100, p. 487.)

4. — Saint Aphraate. Le cheval de l'Empereur étant atteint d'une rétention d'urine, aucune des personnes expertes en l'art de guérir ne put le soulager. Saint Aphraate obtint la guérison en lui faisant absorber de l'eau bénite et en lui faisant des frictions d'huile sous le ventre. (*Acta Sanctorum*, t. IX, p. 666.)

5. — Saint Oronce. Un nommé Guidanius possédait un bœuf si grièvement malade qu'on lui conseillait de le faire abattre. Il préféra recourir à l'intercession de saint Oronce. Il alla donc dans son église, prit de l'huile des lampes et aspergea son bœuf qui fut aussitôt guéri. (*Acta Sanctorum*, t. XXXVII, p. 773.)

6. — Saint Védast. A la suite d'une terrible épizootie ayant décimé les troupeaux, un paysan constata que ses vaches donnaient des produits débiles et maladifs « *correptus morbus* ». Il pria Haimon, moine du monastère de Saint-Védast, d'intercéder pour lui. Depuis lors aucun de ses animaux ne fut malade.

Une autre fois, une personne vint mettre en vente au marché un cheval d'une valeur d'environ 80 sols. A peine était-il arrivé que ce cheval tomba subitement malade. Son propriétaire promit un cierge à saint Védast si son animal guérissait ; aussitôt il revint à la santé. (*Acta Sanctorum*, t. III, p. 802. — Pertz, **Monumenta Germania historia**, t. XV, p. 398).

7. — SAINT WULFRAN (archevêque de Sens, 647-720). En 741, une jeune vierge du nom d'Advenia fut obligée de descendre de cheval, sa monture étant devenue subitement malade. Un moine, nommé Hubert, la voyant prête à l'abandonner, lui vint en aide. Il prit les bandelettes qui entouraient les cuisses d'un de ses domestiques, mesura le cheval de la tête à la queue, en faisant un vœu à saint Wulfran. Le cheval se redressa aussitôt et se mit à brouter comme si de rien n'était.

Quelques jours plus tard, un nommé Gaufridus vit mourir subitement un de ses chevaux auquel il tenait beaucoup. Ayant fait un vœu à saint Wulfran, le cheval aussitôt se releva et retourna à l'écurie, d'où on ne l'avait tiré qu'à grand peine par les crins et les pieds.

Un bœuf tombe subitement sous le joug. Comme il était aux trois quarts mort, son maître enjoint à sa femme d'aller chercher quelqu'un pour le dépouiller. Au lieu d'obéir, elle implore saint Wulfran, et, mesurant le bœuf des cornes à la queue, promet de donner au saint une chandelle de pareille longueur. Aussitôt le bœuf se relève guéri. (*Acta Sanctorum*, t. VIII, p. 160.)

8. — SAINT GOSLIN. Il guérit un troupeau de vaches dévasté par une épizootie meurtrière. (*Acta Sanctorum*, t. IV, p. 634.)

9. — SAINT ÉLIA (abbé de Calabre, 960). Un nommé Pierre eut un jour la malencontreuse idée d'attacher son cheval dans un cimetière, près du monastère et du tombeau de saint Élia. Son cheval devint subitement malade et quelque temps après était à demi mort, tout gonflé. Pierre implora à genoux le saint qui lui ordonna de puiser de l'eau au puits voisin et de faire le signe de la croix en la faisant avaler à son cheval. Il recouvra instantanément la santé. (*Acta Sanctorum*, t. XLI, p. 873.)

10. — SAINT STANISLAS (évêque de Cracovie en Pologne). Étienne de Hongrie, en traversant les montagnes qui séparent la Pologne de la Pannonie, vit un de ses chevaux mourir subitement. Son serviteur le dépouille aussitôt, met la peau sur son dos et rejoint son maître. Étant retourné par hasard à l'endroit où il venait de faire cette opération, il fut tout étonné de retrouver le cheval vivant et ressuscité. (*Acta Sanctorum*, t. XIII, p. 262).

11. — SAINT THÉODULPHE. Offon, ambassadeur des Austrasiens, entra en passant dans le monastère de saint Théodulphe. A ce moment, un de ses esclaves vint lui annoncer qu'un de ses chevaux, le plus fort et le plus beau, venait de mourir. Saint Théodulphe l'invite à la prière et l'engage à placer son espoir en Dieu. Il lui dit ensuite : Ne craignez rien, vous trouverez à la porte du monastère votre cheval bien portant. Ce qui fut fait. (Frodoard, *Histoire de l'Église de Reims*).

12. — SAINT BERNARD (1091-1153). « Ce n'était pas seulement aux « hommes, mais encore aux troupeaux et aux bestiaux que profitait fré- « quemment la bénédiction du saint homme ; aussi réprimanda-t-il un jour

« sévèrement le frère cellerier de son couvent de ce que, sans l'en prévenir,
« il avait laissé périr des animaux qui auraient pu servir à secourir les
« pauvres. A dater de ce moment là, il prit l'habitude de bénir du sel et
« ordonna de le donner aux animaux du monastère. Alors la maladie conta-
« gieuse qui s'était déclarée parmi eux cessa sur le champ. » (Guizot, *Coll.
des Mém. relat. à l'hist. de France;* Geoffroi de Clairvaux, *Vie de saint
Bernard,* liv. IV, p. 400.)

13. — SAINT PIERRE. Saint Pierre, archevêque de la Tarentaise, dans le
diocèse de Vienne (1102-1174), guérit une vache qui donnait du sang au
lieu de lait. (*Acta Sanctorum,* t. XIII.)

14. — SAINT GUILLAUME DE DIJON. En traversant un défilé de mon-
tagne son cheval tombe dans un précipice. Il se met aussitôt à prier
Dieu et descend à la recherche de son cheval. Il le retrouve paissant
tranquillement et sans aucune blessure. (*Acta Sanctorum,* t. VIII, ch. 3,
§ 12.)

15. — SAINT GERLAC (1170). Un propriétaire, dont les troupeaux étaient
décimés par la peste, les place sous la protection de saint Gerlac,
moyennant une redevance du quart de chacun de ses troupeaux. A partir
de ce moment ses animaux furent les seuls de la région qui restèrent
indemnes. (Ch. 21-22.)

Un abbé de l'ordre des Prémontrés fait conduire devant saint Gerlac
un cheval mourant et le prie de le rappeler à la vie, moyennant une
redevance. Le cheval fut instantanément guéri. (Ch. 24.)

Un clerc du nom de Varnier voit son cheval devenir subitement malade
et affaibli (*debilitatus*). Aussitôt il promet un don à saint Gerlac et son
cheval recouvre ses forces. (Ch. 25.)

Une veuve recourt à l'intercession du saint pour une de ses vaches
gonflée (*tumida*) et mourante. A peine l'eut-elle entourée d'un lien (*funi-
culus*) enduit de cire que le gonflement diminua. (Ch. 36. *Acta Sanctorum,* t. I.)

Le bruit des miracles de saint Gerlac se répandit, car, dans toute la
Germanie, pour conserver les animaux en bonne santé, on avait coutume
d'apporter dans l'église du saint de l'argent ou quelques « *vota oblationis* »,
probablement des ex-voto.

Cette adoration se perpétua, car, en 1599, eut lieu la bénédiction
solennelle de la fontaine de Saint-Gerlac, dont l'eau rendait la santé aux
hommes et aux animaux. Cette fontaine se trouve à Houtem-Saint-Gerlac.
Un grand nombre de pèlerins ont l'habitude de s'y rendre pour boire de
l'eau et en emporter en provision comme préservatif des épizooties.
(Guérin, t. I, p. 146.)

16. — SAINT RAYMOND DE PENNAFORT (province de Catalogne), confesseur
de l'ordre de Saint-Dominique, 1175. — Un soldat de Bayonne possédait
un cheval indompté auquel il ne pouvait mettre le frein. Son épouse
voua un cierge à saint Raymond et le cheval devint doux.

Le cheval d'un chevalier avait le cou tellement enflé qu'il ne pouvait
ni boire, ni manger. Son maître ayant fait un vœu à saint Raymond,
l'enflure disparut pendant la nuit. (*Acta Sanctorum,* t. VIII, p. 427-428).

17. — SAINT JEAN DE BEVERLEY, évêque d'York. En 1221 éclata une peste qui décima tous les troupeaux. Plusieurs contrées restèrent indemnes parce qu'elles avaient voué leurs troupeaux à saint Jean. (*Acta Sanctorum*, t. XIII, p. 188.)

18. — SAINT GUILLAUME, évêque de Roschild, en Zélande. Saint Guillaume, revenant de la curie romaine, en 1203, traversait les Alpes, quand son cheval se blessa au pied au point de ne plus pouvoir avancer. Il se mit alors en prières, et, quelques instants après, son cheval se remit à marcher.

Un autre jour, montant un cheval de bât (*roncinus*), qui pouvait à peine se tenir sur les jambes, le frère qui l'accompagnait lui observa qu'il était dommage qu'un cheval aussi beau fût aussi débile. — Pourquoi penses-tu qu'il ne puisse marcher ? lui demanda t-il. — Mais parce qu'il est vieux ! — Dieu peut ce qu'il veut, répondit Guillaume, et donnant de l'éperon, le cheval marcha d'un pas merveilleux. (*Acta Sanctorum*, t. IX, p. 633.)

19. — SAINT FRANÇOIS. En 1226, aux environs de Rieti (Reatina, Italie), régnait une peste qui décimait les bestiaux. Un croyant vit en songe qu'on pouvait arrêter ce fléau en aspergeant les animaux avec l'eau du lavement de mains et pieds (*lotura*) ayant servi à saint François et à ses compagnons. Dès la première aspersion les animaux recouvrèrent la santé. (*Acta Sanctorum*, t. 48, p. 778.)

20. — SAINT RAYMOND DE NONAT (cardinal de l'ordre de la Merci, en Catalogne, Espagne). En 1240, il guérit par le signe de la croix des animaux malades de la peste. (*Acta Sanctorum*, t. XXXVIII, p. 740.)

21. — SAINT JACOB DE VENISE. Deux frères ayant un cheval en commun, le trouvèrent mort un matin. Comme il était horriblement gonflé (*tumefactus*), ils appelèrent le maréchal pour le dépouiller. Dans l'intervalle, un d'eux invoqua saint Jacob, en lui promettant un vœu s'il rappelait son cheval à la vie. Dans un accès de mysticisme, il s'approcha du cheval et lui cria dans l'oreille : « Lève-toi, au nom de saint Jacob. » Le cheval se releva aussitôt. (*Acta Sanctorum*.)

22. — SAINT PIERRE REGULATUS. Guérit une mule de l'archevêque de Tolède, devenue malade subitement. (*Acta Sanctorum*, t. IX, p. 853.)

23. — SAINT BOGOMILE, archevêque de Gnesne (Prusse). Un citoyen, nommé Stanislas Vach, conduisait un char à six chevaux, quand, arrivant à Dobrowo, où reposait le corps de l'archevêque, un des chevaux mourut subitement. Après l'avoir dépouillé, il se rendit à l'église pour demander que les autres soient préservés. En revenant, il trouva son cheval debout sain et sauf. (*Acta Sanctorum*, t. XXI, p. 359.)

24. — SAINT MAGNE, abbé de Fussen (Bavière). Un cultivateur qui venait d'acheter un cheval, eut la douleur de le voir bientôt atteint de *phagedœna* (probablement le farcin), maladie presque incurable. Il fit un vœu et des présents à saint Magne, et son cheval recouvra aussitôt la santé.

Il guérit aussi des troupeaux atteints de la peste. (*Acta Sanctorum*, t. XL, p. 760-761.)

25. — Sainte Bertille (viie siècle). Une femme, ayant assisté à la translation du corps de sainte Bertille, emporte un morceau d'un ustensile en bois, dont la sainte s'était servi. De retour chez elle, elle apprend que le cheval de sa voisine ne mangeait plus, ne buvait plus, et restait couché, à demi mort. Cette femme lava dans l'eau le morceau de bois provenant de sainte Bertille et en fit avaler l'eau au cheval qui recouvrit instantanément la santé. (*Acta Sanctorum*, t. VII, p. 237.)

26. — Sainte Rosalie de Palerme (1130 à 1160). Sainte Rosalie a guéri plusieurs animaux : des poules décimées par une épizootie et deux petits chiens sur le point de mourir. *(Acta Sanctorum,* t. X, p. 403.)

27. — Sainte Wivine, vierge, fondatrice de l'abbaye de Bigarden, au diocèse de Maiines, vers 1170, était invoquée contre les maladies des chevaux.

28. — Sainte Brigitte, de Suède (1373). Un homme possédait un cheval atteint d'hémorragie nasale qui durait depuis plusieurs jours. Craignant de le perdre, il promit de donner à la sainte la forme de la tête de son cheval, en cire. Aussitôt l'hémorragie cessa. (*Acta Sanctorum*, t. L, p. 544.)

Pendant un voyage en Norvège, un cheval devint subitement tellement boiteux, qu'il pouvait à peine poser le pied à terre. Son maître l'ayant contraint de marcher, il mourut le soir même. Avant de l'abandonner, il le dépouilla. Un habitant de l'endroit ayant confiance en sainte Brigitte, l'invoqua et aussitôt le cheval revint à la santé. *(Acta Sanctorum*, t. L, p. 558.)

Dans la paroisse d'Hamay, entre Huy et Liège, en Belgique, se fait chaque année un pèlerinage en l'honneur de sainte Brigitte. Près de Fosses, dans le diocèse de Namur, les paysans font bénir, le 1er février, des baguettes avec lesquelles on touche les vaches malades pour les guérir. (Guérin.)

29. — Sainte Colette, vierge, fondatrice des trois ordres de Saint-François (1380-1447). Vers cette époque, les chevaux d'une comtesse tombèrent tous malades (*debiles et infirmi*) ; ils ne pouvaient plus se relever. La comtesse, ne sachant comment remédier à cet accident, eut recours à l'intercession de sainte Colette. Tous les chevaux redevinrent sains, robustes et agiles. *(Acta Sanctorum*, t. VI.)

30. — Sainte Amalberge, veuve, religieuse, à Maubeuge. En 1317, il y eut une grande mortalité sur les bovidés de la ville d'Offenefe (Zélande). Dans une ferme, sur quatre-vingts vaches, il en resta six. Quelqu'un survenant, conseilla au propriétaire d'implorer et de faire un vœu à sainte Amalberge. Il le fit et aussitôt ses vaches guérirent. (*Acta Sanctorum*, t. XXVIII, p. 111.)

31. — Sainte Fina, vierge, en Toscane. Sainte Fina guérit non seulement les hommes, mais encore les juments. Beaucoup de bœufs, ânes, chevaux, atteints de maladies graves, furent sauvés rien qu'en l'implorant. (*Acta Sanctorum*, t. VII, p. 240.)

32. — SAINT ÉLOI, *sanctus Eligius,* naquit à Châtelat ou Catillac, près de Limoges, en 588. Il mourut en 659.

Orfèvre des plus habiles, il fut choisi comme orfèvre et trésorier de la couronne par Clotaire II, puis par Dagobert Ier, dont il devint le confident. Nommé évêque de Noyon, en 640, il n'en continua pas moins sa charge à la Cour et sa profession d'orfèvre, dans laquelle il excellait. C'est en cette qualité qu'il exécuta les fameuses châsses de saint Denis, de sainte Geneviève, de saint Martin de Tours.

Était-il maréchal? Question qu'il est bien difficile de résoudre par l'affirmative. Dans la vie de saint Éloi, par saint Ouen, son contemporain, il est question de lui comme orfèvre et non comme maréchal.

Cependant, de nos jours encore, *saint Éloi, sanctus Eligius, sanctus Eulogius, saint Alo,* est très populaire, et considéré, en France, dans les Pays-Bas, en Italie, en Suisse, en Allemagne, comme le patron des maréchaux.

Cette croyance en saint Éloi doit même remonter assez loin, car, plusieurs médailles, plusieurs plombs historiés, représentent saint Éloi forgeant sur une enclume, ayant un cheval à son côté. La légende veut même qu'ayant eu affaire à un cheval méchant, qu'il ne pouvait ferrer, il trouva plus simple de lui couper le pied, de le ferrer tout à son aise et de le recoller ensuite.

Cette légende, qui n'est probablement qu'un symbole destiné à démontrer l'habileté de saint Éloi dans la pratique de la ferrure, a été plusieurs fois reproduite par la peinture et la sculpture.

Une gravure, tirée de *Gemälde der Stadtbibliothek in Zurich,* représente un valet tenant en mains un cheval dont la jambe droite est coupée au niveau du genou. Sa jambe ferrée à neuf est sur l'enclume. Saint Éloi la tient de la main gauche, pendant que de la droite il pince le nez d'une femme avec des tricoises.

A Saint Michel de Florence, une niche renferme la statue de saint Éloi. Au-dessous est la reproduction de la légende ci-dessus.

Il est encore bien moins prouvé que saint Éloi ait été vétérinaire, ce qui n'empêche pas que dans beaucoup d'endroits, on attribue à ce saint le pouvoir miraculeux de guérir les animaux malades.

Aux grandes fêtes de saint Éloi, se vendaient anciennement sur les terres des religieux du monastère, des écharpes, des colliers, faits de bouts de plumes et de petites fèves enfilées qu'on nommait *cacliques* ou *caclittres.* Au retour du pèlerinage on les suspendait au cou des animaux qui se trouvaient ainsi placés sous la sauvegarde du saint (Levasseur).

Un grand nombre de personnes viennent encore à Douai pour honorer saint Éloi, évêque de Noyon et de Tournay. Dans la chapelle Sainte-Madeleine on conserve, dit-on, les deux maillets dont il se servait encore comme orfèvre (Levasseur).

Dans l'est de la Flandre, lors de la fête de saint Éloi, plusieurs croyants amènent leurs chevaux à Oudenarde et leur font baiser la relique du Saint (Parenty.)

En Suisse, dans les pâturages, on a souvent recours à l'intercession de « saint Loy » pour préserver les animaux des avalanches.

On pourrait multiplier ces exemples de superstitions admises par le vulgaire. Où en trouver l'origine ?

Elle est aussi difficile à déterminer que la légende qui fait de saint Éloi un maréchal. La vie de saint Éloi ne nous renseigne aucunement à ce sujet. Une seule fois il est fait mention des maladies des animaux à propos de pratiques superstitieuses employées par ses contemporains, pratiques qu'il condamne de toutes ses forces.

« Que nul, dit-il, n'attache des billets au cou d'un homme ou de quelque « animal..... ni ne fasse passer ses troupeaux par le creux d'un arbre ou « par dessus un trou fait dans la terre. »

Ce genre de superstition était, paraît-il, très répandu à cette époque.

Saint Augustin (Serm. 215) s'exprime ainsi à leur sujet :

« Si vous voyez encore quelques sorciers, devins ou enchanteurs, cher-« cher des phylactères diaboliques, des talismans, des herbes ou remèdes « qu'ils tirent du suc des plantes et les suspendre à leur cou ou à celui des « leurs, reprenez-les avec force de ce péché si grand. »

Du temps d'Henri de Mondeville, un des chirurgiens de Philippe-le-Bel, la croyance en saint Éloi et au mal de saint Éloi était très populaire.

« Selonc le commun et selon les cyrurgiens champestres, en tote plaie, « ulcère, apostume, fistule, des queles la cure est porloignie, il dient que « ce est le mal sainct Éloy. »

On en guérissait en allant en pèlerinage à saint Éloi.

« Et de ce garist non pas tant seulement les hommes, mais à tout ce les « oelles, les buefs, les chevaux et toute manière de bestes à quatre pies. »

Le temps nous manque pour approfondir cette étude, nous espérons y revenir plus tard avec plus de détails. Les biographies d'Épona, patronne des chevaux dans l'antiquité, — de saint Éloi, patron des maréchaux, — de saint Hubert, patron des chasseurs et des chiens, présenteraient, croyons-nous, quelque intérêt.

III

Parallèle de la médecine vétérinaire du moyen âge avec celles de l'antiquité et des Arabes.

Les travaux hippiatriques du moyen âge sont bien inférieurs à leurs similaires de l'antiquité et de la période arabe. Il nous faut arriver jusqu'à la fin du xiiie siècle pour trouver des traités de pathologie renouvelés des Grecs. Quant aux auteurs arabes, pendant toute cette période, ils sont restés méconnus des peuples étrangers à l'islam.

Les traités de pathologie équine sont les plus nombreux ; mais, malgré le talent de quelques-uns de leurs auteurs, ils sont restés bien au-dessous de ceux qui les ont précédés.

Les maladies internes sont peu nombreuses et leur description fort succincte. Parmi les plus importantes, nous citerons : la palatite, à laquelle on donnait le nom de lampas, à peine disparu de nos jours dans le langage vulgaire, les inflammations du canal de Sténon et du canal de Wharton, la parotidite, la pharyngite, les diverses affections du tube digestif, l'emphysème pulmonaire, la paraplégie essentielle, la fourbure.

La pathologie externe a été mieux étudiée, notamment en ce qui concerne les maladies de l'appareil locomoteur. Sont à mentionner parmi les affections de la région digitée : la bleime, l'enclouure, le clou de rue, la seime, le crapaud, la dessolure, le javart encorné, l'encastelure.

On trouve aussi de bonnes descriptions des maladies du tronc et des membres, notamment du suros, de l'éparvin, de la courbe, de la forme, des luxations, des mollettes, des enchevêtrures, des atteintes, des crevasses, des eaux aux jambes, etc., etc.

Par contre, les descriptions des maladies de la peau et des yeux se réduisent à bien peu de chose.

Quant aux affections contagieuses et infectieuses, elles sont assez bien étudiées. A part la fièvre charbonneuse, mal définie et douteuse, même après la lecture des textes, les descriptions de la morve, du farcin, du tétanos, de la rage, sont assez bien soignées pour l'époque.

La pathologie des autres animaux domestiques est loin d'être aussi avancée que celle du cheval. La plupart des affections décrites par Albert le Grand, Crescens, sont des réminiscences des auteurs grecs et latins. Nous ne ferons exception que pour la pathologie ovine, due en grande partie au Français Jehan de Brie. Toutefois les maladies par lui mentionnées sont restreintes et leur description pèche par le laconisme.

La pathologie canine serait en progrès sur celle de l'antiquité si les traitements préconisés n'étaient pas aussi fantaisistes.

Quant à la pathologie aviaire, dont il est fait mention pour la première fois, elle renferme d'assez bonnes descriptions des principales maladies qui attaquaient les oiseaux de proie destinés à la chasse.

Bien que la pathologie animale de l'époque médiévale soit fort écourtée, son étude offre pour nous un réel intérêt, en ce sens qu'elle nous permet de retrouver l'origine de certains mots encore en usage de nos jours dans le langage vétérinaire. Ils sont en réalité peu nombreux avant les XVIe et XVIIe siècles. Ce sont : la fourbure (*fourbature, forbature*), l'enclouure *(encloeure)*, la dessolure *(dessoleure)*, la cerise *(figue)*, la pousse *(poussiveté)*, le suros (*seuros*), l'éparvin *(espavain, espervaing)*, la courbe (*corbe, courbe*), la forme *(fourme)*, la jarde *(jarde)*, les mollettes (*mollettes* ou *galles*), les atteintes *(attainture, atainture,* le farcin *(farsin)*, la clavelée *(claveleure)*, la morve (*morvel, morveu*), la nerf-ferure *(nerf feru)*, les crevasses (*crevaces*), les coliques *(tranchées tranchoison)*, la pharyngite *(estranguillon)*, la palatite *(lampas)*, la tuberculose *(pomellerie)*, etc., etc.

La chirurgie a suivi ce mouvement de recul dans les divers traités d'hippiatrie. Parmi les opérations courantes, nous mentionnerons le barrement de la veine, l'extraction des dents, les saignées, les cautérisations, les castrations, etc., etc., déjà décrites dans les traités de l'antiquité, mais bien moins étudiées au moyen âge. Nous appellerons cependant l'attention sur certains instruments de chirurgie, encore en usage de nos jours, la rénette (*rosnecta)* et les tricoises.

Quant à la thérapeutique, elle était nulle ou presque nulle. Elle se bornait à des formules les plus diverses et les plus invraisemblables, à des préparations officinales où entraient les corps les plus hétérogènes. Les pratiques superstitieuses, les amulettes, les incantations, les prières, les signes de croix dominent surtout.

En résumé, le moyen âge a peu produit, et cette période a été plutôt une période de recul pour l'évolution vétérinaire. Entre l'apparition des hippiatriques grecques, du traité de Végèce, des travaux vétérinaires arabes, et traduction de ces mêmes œuvres au XVIe siècle, il y a une lacune que les auteurs du moyen âge se sont efforcés de combler, sans y parvenir.

II

Écrivains vétérinaires et agricoles.

Les écrivains vétérinaires et agricoles peuvent se répartir en quatre groupes bien distincts :

1° *Traités exclusivement vétérinaires.* — En *Italie* : Mosé de Palerme, Ruffus, Bonifazio, Théodoric de Cervie, Jacopo Doria, Rusius, Uberto di Curtenova, Dino Dini, Bartolomeo Spadafora, Martino de Bologne, Bartolomeo Grisone, Viscanto Girolamo, Piero Andrea, Facio, Giorgio, Agostino Columbre, etc., etc.; — en *Espagne* : Manuel Diaz, Jacmes de Castres, Juan Alvarez Salamiellas, Bernardo Portuguès ; — en *Allemagne* : Albrecht, Mauro ; — en *France* : Guillaume de Villiers, Feschal.

2° *Traités d'agronomie et d'économie rurale.* — Pierre de Crescens, en *Italie* ; — Jehan de Brie, en *France.*

3° *Traités philosophiques et d'histoire naturelle.* — Albert le Grand, en *Allemagne* ; — Barthélemy Glanvil, en *Angleterre.*

4° *Traités de vénerie et de fauconnerie.* — Dans l'*empire Byzantin* : Démétrios Pépagomenos, Phémon ; — en *Allemagne* : Albert le Grand ; — en *Italie* : Frédéric II, Artelouche de Alagona ; — en *Espagne* : Alphonse XI, Pedro Lopez d'Ayala ; — en *France* : Dancus, le livre du roi Modus et de la reine Racio, Gaston Phœbus, Tardif, Jehan de Francières.

ORDRE CHRONOLOGIQUE

Avant le onzième siècle.

Hippocrate ou Ipocras.

Douzième siècle.

Mosé de Palerme, Cofo, Frédéric II, Albert le Grand.

Treizième siècle.

Ruffus, Démétrios Pépagoménos, Phémon, Bonifazio, Théodoric, Crescenzi, Jacopo Doria, Jacmes de Castres, Juan Alvarez Salamiellas, Bernardo Portuguès, Dancus.

Quatorzième siècle.

Maurus, Marco, Barthélemy Glanvil, Lorenzo Rusio, Uberto di Curtenova, Dino di Pietro Dini, Bartolomeo Spadafora, Martino de Bologne, le livre du roi Modus et de la reine Racio, Alphonse XI, Pedro Lopez d'Ayala.

Quinzième siècle.

Albrecht, Bartolomeo Grisone, Viscanto Girolamo, Piero Andrea, Giovanni, Facio, Giorgio, Agostino Columbre, Feschal, Manuel Diaz, Artelouche de Alagona, Guillaume de Villiers.

I. — Traités exclusivement vétérinaires.

Antérieurs au onzième siècle.

1°. — HIPPOCRATE OU IPOCRAS.

Quel était cet Hippocrate dont Mosé de Palerme fut le traducteur ? Beaucoup d'incertitude règne sur cet écrivain vétérinaire que quelques biographes ont confondu avec l'hippiatre grec son homonyme. Il est cependant certain, et, c'est là l'opinion de Delprato, d'Ercolani, de Molin, que cet Hippocrate est bien différent du contemporain d'Apsyrte. D'après eux, Hippocrate ou Ipocras indien aurait vécu au temps de Chosroés le Grand, roi de Perse (531-579). D'autres considèrent le nom d'Hippocrate comme apocryphe, se basant sur ce que les Arabes, comme les autres peuples, avaient coutume de placer leurs livres sous le patronage d'un nom célèbre.

Le traité vétérinaire d'Hippocrate fut, dit-on, le point de départ de tous les livres hippiatriques du moyen âge. Cependant, ni Ruffus, ni Rusius n'en font mention. L'original, écrit en langue grecque, suivant les uns, en langue arabe, suivant les autres, fut traduit en latin, au xiie siècle, par Mosé de Palerme, et, en italien, au xive siècle, par Afflitto.

On trouve le traité d'Hippocrate à la suite de plusieurs manuscrits du moyen âge, et, nous verrons par la suite que plusieurs écrivains vétérinaires paraissent avoir composé leurs travaux en se basant sur les prescriptions de cet auteur. Guillaume de Villiers annonce, dans la préface de son traité manuscrit d'hippiatrique, qu'il va parler selon les dires d'Ipocras et de Ruffus. Cependant l'œuvre de l'Hippocrate indien, qui comprend trente et un chapitres, n'offre rien de bien important à signaler au point de vue pathologique, et sa thérapeutique est souvent par trop fantaisiste, entremêlée d'incantations ou formules religieuses, si communes au moyen âge.

On cite plusieurs manuscrits du traité d'Hippocrate :

1° Une traduction latine, d'après la version arabe, au xiie siècle, par Mosé de Palerme, ainsi qu'on lit à la fin : *Hippocratis liber de curationibus infirmitatum*

equorum quem translavit de lingua arabica in latina magistro Moyses di Palermo.
Ce manuscrit aurait été dédié à Roger II, roi de Sicile, en 1154. Une copie du
xvᵉ siècle se trouverait, d'après Delprato, parmi les manuscrits de la maison
d'Este. Il l'a comparée avec le texte en langue italienne et a pu ainsi s'assurer de
leur parfaite concordance.

2° *Libro della mascalcia o sia delle malattie de cavalli, scritto da ippocrate,
tradotto in italiano da incognito.* Ce manuscrit, du xiiiᵉ siècle, écrit par un
inconnu, est mentionné, par Argelati (Bibl. de Volgarizzatori) comme ayant été en
la possession du comte Donato Silva. Il renferme plusieurs traités vétérinaires,
notamment celui de Végèce.

3° On trouve aussi l'œuvre d'Hippocrate annexée aux manuscrits de Bonifazio,
Voir ce nom.)

4° Guillaume de Villiers (voir ce nom) a dû donner aussi tout ou partie de
l'œuvre d'Hippocrate.

Comme imprimés, nous citerons une très intéressante étude de Delprato
sur le traité vétérinaire d'Hippocrate.

*Preliminari ai trattati di mascalcia attribuiti ad ippocrate tradotti dall' arabo
in latino da maestro Moise da Palermo volgarizzati nel secolo XIII e posti in luce
da Pietro Delprato.* Bologna. Regia tipografia 1865.

Douzième siècle.

2°. — MOSÉ DE PALERME.

Bien que Mosé de Palerme soit indiqué comme traducteur du traité vétérinaire indien, nous avons peu de données sur l'époque précise de sa vie.

Selon Signorelli (V. II, p. 277), Tiraboschi (V. IV, p. 342), Ercolani (I, p. 340),
il aurait vécu vers le xiiiᵉ siècle. Cependant quelques biographes, se basant
sur ce que la première traduction de Mosé fut dédiée à Roger II, roi de
Sicile, mort en 1154, pensent qu'il vivait vers le xiiᵉ siècle. Quoiqu'il en
soit, il était de beaucoup antérieur à Columbre qui le cite deux fois.

Treizième siècle.

3°. — RUFFUS.

Jordanus Ruffus, Giordano Rufo, Jordanu Russu, Rusto, Russo, Jourdain
Ruf, né en Calabre, vivait au temps de Frédéric II. Prédisposé par goût aux
exercices équestres, personne n'eut autant que lui d'habileté pour soigner
et élever les chevaux. Sa renommée fut telle que Frédéric II l'attacha à sa
personne, ainsi que Ruffus prend soin de nous l'annoncer dans la préface de
son livre.

« *Ego Jordanus Ruffus de Calabria miles in marestalla quondam domini
Imperatoris Friderici secundi.* » Il termine par ces mots : « *Hoc opus com-
posuit Jordanus Ruffus de Calabria miles et familiaris domini Friderici
imperatoris.* »

Miles et *familiaris* doivent être pris ici dans le sens de soldat et de serviteur de l'empereur Frédéric, et non dans celui de fonctionnaire et d'ami, comme l'ont interprété certains biographes, qui veulent faire de Ruffus un grand dignitaire de la couronne. Qu'il ait été un grand écuyer des écuries de l'empereur ou simple maréchal, il n'en a pas moins composé un traité vétérinaire ayant joui en Italie d'une très grande réputation. C'est en remplissant ces fonctions qu'il rassembla les matériaux nécessaires à la composition de son traité, aidé en cela des conseils de l'empereur Frédéric, « *Qui instructus fuerat plene per eumdem dominum de omnibus supradictis.* » Ces remerciments à l'adresse de son seigneur et maître ont fait croire à plusieurs personnes que Frédéric, auteur d'un traité de fauconnerie, avait également mis la main à cet ouvrage vétérinaire. C'est d'autant plus invraisemblable que l'hippiatrique de Ruffus n'a probablement été composée qu'après la mort de Frédéric, vers 1250. Jordanus Ruffus s'intitule, en effet, dans sa préface, ancien serviteur de Frédéric : « *Miles in marestalla quondam domini imperatoris Friderici secundi.* »

En quelle langue le traité vétérinaire de Ruffus a-t-il été primitivement écrit ? Cette question est d'autant plus difficile à résoudre que, dès son apparition, il fut presque immédiatement traduit en plusieurs langues, notamment en toscan, en sicilien. Delprato croit que l'ouvrage de Ruffus a été écrit en langage sicilien, plutôt qu'en latin, se basant sur ce fait que le sicilien était très répandu dans toutes les parties de l'Italie, et que Ruffus a dû composer son traité pour les personnes qui, à la cour, avaient soin des chevaux. C'est également l'opinion de Bettinelli (t. II, ch. 5, p. 50), et d'Heusinger, qui s'appuient sur le nombre des manuscrits de Ruffus écrits en langue sicilienne. Cependant, d'autres, tels que Molin, etc., prétendent que le texte primitif est en latin vulgaire, le langage le plus communément répandu de l'époque. C'était en effet la langue d'Albert le Grand, de Frédéric II, de Crescens, etc., etc.

Quoi qu'il en soit, l'œuvre de Ruffus est l'œuvre d'un praticien consommé, qui a probablement tout écrit d'après ses propres observations. Il n'a pas fait usage des livres hippiatriques grecs et latins, dont il ne paraît pas avoir eu connaissance, pas plus que du traité d'Albert le Grand. Si les traitements qu'il préconise sont encore un peu fantaisistes, il faut néanmoins lui savoir gré d'avoir débarrassé sa pathologie de pratiques superstitieuses, astrologiques ou magiques, si en honneur à cette époque. Il semble avoir exercé une grande influence sur l'évolution vétérinaire, car son livre a été le point de départ de tous les traités de pathologie animale. Crescens, Rusius et beaucoup d'autres, qui ont écrit après lui, l'ont en grande partie copié. Son traité vétérinaire comprend soixante-seize chapitres.

Manuscrits.

A. — MANUSCRITS EN LANGUE LATINE.

1. « Jordani Ruffi Calabriensis de medicina equorum. » Fol. 54 à 71, xiii⁰ siècle. D'après Heusinger, Molin se serait servi de ce manuscrit pour l'impression de son édition de Ruffus. (Bibl. manus. ad Sancti Marcii Venetiarum. Venitiis, 1872, n° a, 210, I, 139. (l. vii-xxiv), O.

2. « Jordani Ruffi, de cultu et curatione equorum. » Fol. 23 à 35. Incomplet. xv⁰ siècle. (Bibl. Saint-Marc de Venise, a, 204, I, 146. (l. vii-xxix.)

3. « Jordani Ruffi, de cultu et curatione equorum. » Fol. 1-33. xiv⁰ siècle. (Bibl. Saint-Marc de Venise, a. 230, I, 173. (l. vii-xxxv), Z.

4. « Jordani Ruffi, de cultu et curatione equorum. » Fol. 75 à 97. xvi⁰ siècle. (Bibl. Saint-Marc de Venise, a, 314, I, 215. (l. vii-xxxi), Z.

5. « Jordanus Ruffus, incipit liber mareschalchie equorum. » Le texte latin, copié sur deux colonnes, est encadré d'une traduction française. Manuscrit incomplet. Vélin ou parchemin. 32 ff. xiv⁰ siècle. (Bibl. Nat., Paris. Nouv. acq. latin. N° 1553.)

6. « Liber de cura equorum, compositus a Jordano Ruffo, Milite Calabriensi et familiari Frederici II.
« Morbi et medelæ equorum. » Auteur inconnu. Mss. du xv⁰ siècle. (Bibl. Nat., Paris. Fonds latin. N° 7058.)

7. « Liber de medicaminibus equorum, authore Jordano Rufo, Calabriense milite. » Mss. du xiv⁰ siècle. (Bibl. Nat., Paris. Fonds latin. 5503.)

8. « Mariscalcia equorum, autore Jordano Rufo, Calabre, quondam Mariscalco Frederici II. » Mss. du xiv⁰ siècle. (Bibl. Nat., Paris. Fonds latin. N° 2477.)

9. « Traité d'hippiatrique de Jordanus Rufus (fol. 48 à 66) ; suivi d'observations d'hippiatrie (fol. 67 à 69). Parchemin. Ecriture à deux colonnes. xiv⁰ siècle. (Bibl. Nat. Fonds latin. 6584. — Fonds Barrois. 207.)

10. « Rufus. Liber de arte veterinaria præsertim mareschalcia, sive de equis curandis. » 130-178 ff. Incomplet, xiv⁰ siècle. In-4. (Bibl. Palatine de Vienne (Vindobonæ). N° 5407 (univ. 948.)

11. « Ego Jordanus Ruffus de Calabria miles in Marescalla quondam domini imperatoris Frederici secundi. » Manuscrit sur vélin in-4° cart. 22 ff. xiv⁰ siècle, ayant quelques corrections d'une main moins habile. (Huzard, n° 3493.)

12. « Ego Jordanus Ruffus de Calabria miles in Marestalla, cum notis fratris Theodorici de ordine prædicatorum episcopi cervensis. » In-fol., demi-rel. 50 ff. (Huzard, n° 3494.)

13. « Jordani Rufi Calabri de cura et medica equorum. » xv⁰ siècle. Hœnel. Cat. Bibl. Mss., p. 238. Montpellier.

14. D'après Delprato, un manuscrit serait conservé dans la Bibliothèque de Parme « Parmense », sous le n° 57. Il se distinguerait de tous les autres, en ce sens qu'il serait suivi d'un traité de fauconnerie « maniera di governare i Falconi...... »

15. D'après Pietro Napoli Signorelli, t, II, p. 258 ; le manuscrit le plus ancien de Ruffus serait celui qui, au temps de Francesco Capecelatro, se voyait dans les archives du couvent de Saint-Giovanni à Carbonara, parmi les livres provenant du cardinal Séripando. Ce serait, paraît-il, le même manuscrit que celui qui se trouve à la Bibliothèque Nationale sous le titre de « De cura equorum. »

16. Delprato, p. 33, signale un manuscrit sur parchemin, conservé à la Bibliothèque « Alessandrina » de Rome, commençant par ces mots : « Incipit liber

marescalchiæ domini Friderici imperatoris. » Il est cité par Metaxa. Delprato croit que c'est ce manuscrit qui a servi à Molin pour l'impression du traité de Ruffus.

17. « Jordanus Rufus de Calabria.... » Montfaucon. (Bibl. Mss., I, 23. Bibl. reginæ Sueciæ in Vaticana. N° 410. (Heusinger, p. 41.)

B. — MANUSCRITS EN LANGUE ITALIENNE.

1. « Vulgarizzamento del libro di Mascalcia gia composto da giordano Ruffo. » Ouvrage divisé en deux parties. La première traite du cheval, de sa beauté, de son utilité. La seconde des maladies du cheval et de leurs remèdes. Manuscrit in-fol., xve siècle, bien conservé et très bien écrit. Fol. 1 à 38. (Bibl. Nat., Paris. Manuscrits fonds italien. N° 454 (ancien 7247). (Marsand.)

2. « Delle infermità de cavalli, e delle medicine che allia guarigine loro si propongano. » Parchemin in-4°, semi-goth. xve siècle. 150 pages. Mal conservé. Incomplet. (Bibliothèque de l'Arsenal, Paris. N° 17. (Marsand.)

3. « La medicina per i cavalli de Jordano Rosso da chau di Calauria. » Manuscrit de 1240, conservé à la Bibliothèque communale de « Sienna ». Il est décrit à la page 157 « De capitoli dei disciplinati. » (Zambrini.)

4. « Libro de la Manescalcia, composto per misser Jordano de Calabria. » Petit in-4°. Reliure en bois, recouvert de peau de truie, avec ornements à froid, fermoir et clous en cuivre sur les plats. Manuscrit sur vélin du xve siècle. (Huzard. N° 3502.)

5. « Jordano de Calabria, libro della cura de cavalli. » Bibl. reginæ Taurinensis. Cité par Montfaucon, II, 1398; Heusinger, p. 42.

6. « Qui si comincia la cura delle cavalli ammaestrato di quelli si como composi soldano Ruffo di Calabria, cavaliere di lo imperatore Federico secundo. » Manuscrit du xiiie siècle ayant appartenu au prof. Filippo de Turin. Cité par Ercolani (p. 144), qui mentionne plusieurs autres manuscrits de Ruffus conservés à la Bibliothèque de Florence. C'est peut-être le même que le n° 5.

7. Manuscrit du xive siècle. Parchemin de 74 ff. Au feuillet 7, traité incomplet des maladies des chevaux. Au folio 70, on lit cet explicit : « Questo libro fece lo chavaliere chalaurese. » T. VI, 8524. (Manuscrits italiens de la Bibliothèque de Paulmy. Sciences, n°s 1521-1530. Cf. Marsand, t. II, p. 258-259. Mazzatenti, t. III, p. 132.

8. « Ruffo Giordano. Libro della Merescalcia. » Manusc., xve siècle, in-4°. (Bibl. du séminaire de Padoue (Padova.) N° 392.

C. — MANUSCRITS EN LANGUE SICILIENNE.

1. Bruce Whyte cite dans le tome II, chap. 21, p. 152, un manuscrit classé dans le catalogue des manusc. Harléiens, au Musée britannique, sous le n° 3535. Il renferme des extraits d'anciens traités sur les maladies des chevaux, écrits en divers dialectes italiens de la première moitié du xiie siècle, et ayant des dates différentes. « Izi incommenzanu li capituli di lu secundu libru de Heroclu plandu di li plaki ki avennu a li cavalli. » La dernière partie écrite par une main différente, et, dans un dialecte un peu plus développé, est l'œuvre de Ruffus. « Izi cominza lu libru di maniscalchia compostu da lu maestro Giordano Russo di Galicia, mariscalco del imperatore Federicu. »

2. « Nui messeri Jordanu Russu de Calabria volimo insignari achelli chi avinu a nutricari cavalli secundi chi avinu. » Ce manuscrit, conservé à la Bibliothèque « Damiani » de Venise, paraît être une traduction du latin. (Molin ; Heusinger, p. 40 ; Pietro Delprato, p. 30.)

3. « Cunciosa cosa che de esse tutti li besti.... — En mastro Iordanu Russu

di Calabria cavaleri diludatu imperaduri Friderico... xve siècle. (Bibl. Ricardiano de Sicile. N° 2934. Ercolani, p. 348, croit que ce manuscrit est attribué faussement à Ruffus.

D. — Manuscrit en langue allemande

Se trouve à la suite d'un manuscrit vétérinaire anonyme. xve siècle. (Bibliothèque d'Heidelberg, n° 226.)

E. — Manuscrits en langue française.

1. « Mareschallerie du sieur Jourdain Ruf, sous l'empereur Frédéric, où il est traité des maladies des chevaux et leurs remèdes. » Manuscrit cité par Montfaucon, t. II, p. 1114, et Heusinger, p. 42, comme ayant été dans la « Bibl. Coislin, San. Germ. », sous le n° 1126. — Est-ce cette traduction française que Jacopo Morelli prétend avoir vue dans la Bibliothèque de Padoue ? Cette traduction aurait été faite par Daniello de Crémone, sur les instances de Enzo, fils de l'empereur Frédéric II. (Delprato, p. 36.)

2. « Ci commenche le livre de mareschaudie, c'est assavoir de la nature des chevauls, qui fut composé de noble chevalier messire Jordain de Calabre. » Manuscrit, parchemin, du xive siècle, de 81 ff. Sur le folio 81, on a écrit quelques recettes hippiatriques du xvie siècle. Registre n° 1212. Fonds de la reine Christine. (Ernest Langlois. Notice des manuscrits français de la Bibliothèque Nationale et provenant de Rome, antérieurs au xvie siècle. Bibl. Nat. (Gaignières, 82), n° 25341. Table et texte identiques à celui du Ruffus de l'édition Molin.)

3. Annexé à un manuscrit de Guillaume de Villiers. (Voir ce nom.)

4. « L'art vétérinaire ou traité d'hippiatrique, par Jordan Roux, en provençal. « Eyssi sy commesse lo libre de la marescalcia des cavals que fes mousseu Jordan Rous de Calabria, chevalier de l'emperador Frederic. »

La première partie, de 4 ff. non chiffrés et de 84 ff. numérotés, est de Jordan Rous, dont il manque un cahier composé des ff. 57 à 64. La seconde partie est un manuscrit d'Arnaud de Villeneuve, médecin. Le possesseur de ce manuscrit était Castellane Saint-Jeurs. Il se trouve actuellement dans la Bibliothèque de Fréjus, sous le n° 9. Mss. xve siècle. Papier. 156 ff.

5. « Jordanus Ruffus. Liber mareschalchi equorum. » 31 ff. Texte latin encadré d'une traduction française. (Bibl. Nat., Paris. Fonds latin. Nouv. acq. lat. 1553.

Imprimés.

A. — Latin.

« Jordani Ruffi Calabriensis hippiatria, nunc primum edente Hieronymo Molin forojuliensi M. D. et in gymnasio Patavino medicinæ veterinariæ professore. » (Préface lxiii et 121 ff.) Typis seminarii Patavini. Gr. in-8°. 1818. — Dans un volume qui figure dans la Bibliothèque d'Huzard, sous le n° 3419, on lit ce qui suit : « A ce volume sont jointes : 1° une lettre d'envoi autographe et signée ; 2° diverses lettres et notes de savans, relatives à l'ouvrage de Ruffus ; 3° une traduction française dudit ouvrage, manuscrit in-fol., 31 p.

B. — Versions italiennes ou siciliennes.

1. « Arte de cognoscere la natura d'caval laqual vulgarmente se chiama arte de mareschalci translata de latino di Miser Zordan Russo in vulgare per frate Gabrielle Bruno. » Impresso in Venetia per maestro Pietro Bergamasco. 1492. In-4° goth.

Il est fort douteux, disent Brunet et Græse, que ce soit celle de 1487 dont parle Panzer. La première édition a été faite en 1492. La traduction a été écrite par Gabriel Bruno, Vénitien de l'ordre des Mineurs. Ce livre fut dédié au comte Jehan Brandolino, préf-t de cohorte près de la République de Venise. Cette traduction est pleine d'idiotismes. Certains chapitres sont mutilés ; d'autres manquent.

2. « Libro dell' arte de Marascalchi, per conoscere la natura de li cavalli, et medicarli nelle loro infermita, et l'arte di domarli : composto per Giordano Ruffo calaurese, novamente stampato. In Vinegia, per gli heredi di Giovanne Padoano. » 1554. Petit in-8. Ital. Vélin 43 ff. Huzard, n° 3506 ; Brunet, n° 1455. Dans cette édition, l'ouvrage est divisé en 63 chapitres. A la fin se trouve le prologue de Gabriel Bruni, daté de Venise 17 décembre 1492. On croit que c'est une réimpression de l'édition de 1492.

3. « Delle mascaltie de cavallo, del sig. Giordano Rusto Calaurese. » In Venitia. Rutillio Borgominiero. 1561. In-8. Ital. (Bibl. d'Alfort.)

4. « Il dottissimo libro non più stampato delle Mascalzie del Cavallo, del sig. Giordano Rusto Calaurese. Dove con bellissimo ordine dà conto di conoscere tutte le cose pertinenti al cavallo, e tutte le sorti d'infermità e da che nascono, con i remedi di quello, etc. » In Bologna, appresso Giovanni de Rossi. 1561. In-4.

Dans cette édition, il y a 162 chapitres et 80 pages, plus 8 pages d'argument. A la page 89 commence le traité d'Albert le Grand « De equorum cura. » Cette édition et celle du n° 3 ont été faites sur un manuscrit très fautif. Le texte est fort différent de l'édition de 1563. Au volume mentionné dans le catalogue d'Huzard, sous le n° 3509, est jointe une note bibliographique, manuscrite, fort étendue, de Huzard, présentant le parallèle entre les deux ouvrages portant le nom de Giordano Rusto ou Ruffo, imprimés l'un en 1561 et l'autre en 1563. (Bibl. d'Alfort.)

5. « Libro dell' arte de Marascalchi per conoscere la natura delli cavalli..... composte per Giord. Ruffo Calaurese. » In Venetia. Franc de Leno. 1563. In-8. Huzard, n° 3507. Ce volume paraît être une réimpression de l'édition de 1554. 61 chapitres, 82 pages, plus 4 de prologue.

6. « Frammento di un trattato sulle Malattie dei cavalli, della meta del sec. XII. » Fragment inséré par Bruce Whyte, p. 153-156 du livre II de l'*Histoire des langues romanes*. (Paris, 1846. 3 vol. in-8.) Ce fragment, écrit en dialecte napolitain, est conforme au manuscrit du Musée britannique. On est porté à croire que c'est une partie du fameux « Mascalcia di maestro Ruffo o Rosso da chau di Calauria. » (Francesco Zambrini.)

4°. — BONIFAZIO.

A quelle époque vivait Bonifazio ? Les uns le croient postérieur à Rusius et s'appuient sur ce fait que les deux œuvres sont absolument identiques, et que, si Rusius avait eu connaissance du travail de Bonifazio, il n'aurait pas manqué de le citer, comme il l'a fait pour Mauro. D'autres, au contraire, et c'est le plus grand nombre, prétendent que Bonifazio, originaire de la Calabre, vivait sous le règne de Charles I d'Anjou, fils de Louis VIII, roi de France, de Naples et de Sicile, qui lui aurait conféré le titre de chevalier et de seigneur de Gérace (ville de Calabre, de la province de Reggio). Il aurait donc été contemporain de Ruffus.

Heusinger pense que son traité vétérinaire « *De equis eorumque curandis morbis* » a été écrit primitivement en langue grecque ; tandis qu'Afflitto, Molin, prétendent que le latin a été la langue dont Bonifazio s'est servi.

Le dernier mot n'est pas dit sur ce sujet, car dans le catalogue de la bibliothèque d'Huzard, il est question d'un livre de Bonifazio qui aurait été traduit du grec en latin par Maestro Antonio Dapera.

Manuscrits :

On connaît quatre manuscrits de Bonifazio. Ils sont d'autant plus importants qu'ils contiennent en même temps l'œuvre d'Ippocrate indien.

1. « Adsit principio virgo Mariæ meo, incipit liber, alius tractactus de morbis naturalibus et accidentalibus ac signis et curis equorum. Incipit capitulus primus primi libri Ypocratis et Damasceni. » Manuscrit de la Bibliothèque de Munich (Afflitto), t. II, p. 158 ; Molin, p. xxiv; Pietro Delprato. Il contient 109 ff. de parchemin. Il est divisé en deux livres. Le premier, de 128 chapitres, traite de la nature et des propriétés du cheval, de ses maladies et de leur traitement. Le deuxième, de 60 ff., contient en appendice l'œuvre d'Hippocrate indien.

2. « Il nome de Dio.... Comenza lo prologo de lo libro (di misser Bonifacio) de la Marescalcaria deli cavalli secondo misser Jordano. Lo libro di misser Bonifacio e translatato di grammatica e lectera greca in latina per frate maestro Antonia Dapera. Incipit liber, alius tractatus de morbis naturalibus et accidentalibus ac signis et curis equorum.... Ypocratis et Damasceni. » Manuscrit du xvᵉ siècle sur vélin, divisé en deux parties. La première (Marescalcaria) est composée de 57 ff., dont les 4 premiers représentent 6 dessins coloriés. La deuxième (tractatus de morbis) est composée de 50 ff. Le texte, en langue latine, est orné de 159 dessins coloriés. (Cat. Bibl. Huzard, nᵒ 3500.)

3. Même titre que le nᵒ 2. Gr. in-fol. Manuscrit sur papier avec dessins en couleurs. Il manque plusieurs feuillets. (Huzard, nᵒ 3501.)

4. « La pratica de' morbi naturali et accidentali, segni e cure de' cavalli, » de Magister Bonifacius. (Manuscrit, papier du xviiᵉ siècle, conservé à la Bibliothèque de Modène. Pietro Delprato.)

5º « Libro de la Marescalcaria de li cavali originaly composed in greck by Missere Bonifacio, a physician of Geracchy in Calabrio and translated into italian by Maestro Antonio Dapera. » (Mss. Britisch Museum, nᵒ 15097.)

5º. — THÉODORICO.

« Frate Teodorico de' Borgognoni da Lucca », évêque de Cervia, naquit à Lucca (Lucques) vers 1205 ou 1208. Il était fils de Hugo de Lucca, un des plus célèbres chirurgiens de son temps. Il étudia d'abord la profession de son père, puis l'abandonna pour entrer dans les ordres à vingt-trois ans, ce qui ne l'empêcha pas plus tard d'étudier et de pratiquer la médecine. D'après Sarti, il aurait aussi exercé la médecine vétérinaire, dont il aurait même retiré beaucoup de profits. Outre un livre sur la chirurgie humaine, imprimé en 1498, et dans lequel, dit Heusinger, on ne trouve aucune trace de médecine vétérinaire, il écrivit deux traités de pathologie animale, l'un sur les maladies des chevaux et l'autre sur les maladies des faucons. Sarti ajoute même que les deux traités de pathologie humaine et animale furent traduits en langue castillane.

D'après Ercolani, Heusinger, Postolka, ses observations personnelles seraient nulles. Il se serait borné à reproduire les écrits de ses prédécesseurs, notamment ceux de Végèce, dont il a copié la Préface. Son traité vétérinaire paraît être une copie de l'œuvre de Ruffus.

Manuscrits :

1. « Practica equorum composita a fratre Theodorico de ordine fratrum prædicatorum, phisico e episcopo cerviensi. » Manuscrit du xive siècle. Fol. 1 à 30. (Bibl. Saint-Marc de Venise, a 263, I. 182. (l. vii-xxiv). O.

2. « Theodorus episcopus cerviensis. Liber de medela equorum. » Fol. 1 à 32. Manusc. du xive siècle. (Bibl. Palatine de Vienne, n° 2414. (Med. 105.)

3. « Theodoricus episcopus cerviensis. Mulomedicina. » 58 ff. Manuscrit du xve siècle. (Bibl. universitaire de Pavie. Fonds Aldini 72.)

4. « Incipit mulomedicina ex dictis medicorum mulomedicorum sapientium compilata a vener. patri Theodorico ordinis prædicatorum episcopo cerviensi. Bibl. Barberini. Turin. (Molin. Montfaucon.)

5. « Anonymi tractatus de medicus equorum. Comes Hubertus de Curtenova de ægritudinibus equorum. Hippocratis de curis equorum. Frater Theodoricus épiscopus cerviensis, mulomedicinæ. » (Bibl. regin. Sueciæ in Vaticana. N° 10047. Montfaucon.)

6. « Mulomedicina ex dictis medicorum et mulomedicorum sapientium, compilata a venerabili patre et fratre Theodorico, ordinis prædicatorum episcopi cerviensi. (Bibl. Nationale, Paris. Manusc. latins. Nouvel acq. fonds latin. N° 548.)

7. « Libro de la cura medicinale de gli animali. E specialmente de cavalli come de pii nobili. » Manuscrit cité par Delprato. Ercolani croit que ce manuscrit, qui se trouve dans la Bibliothèque de Parme sous le n° 4286, est de Théodoric.

8. « Libre lo qual compila frare Thederich, del orde del Preicadors, explanat per Galien, correger de Mayorchia. » Traduction catalane du livre de chirurgie de Thierri, auquel se trouve annexé un traité d'hippiatrie et de fauconnerie. xive siècle. Vélin. Lettres ornées. 125 ff. Écriture très belle. (Bibl. Nation., Paris. Fonds espagnol (ancien fonds n° 7249). N. 212 (Morel Fatio).

9. « Libre dels cavals, por Tederic, doctor en la art de phezia et de surgia, et bachalier en sancta theologia et confessor de misenhor Honori Papa. » Copie du traité des maladies des chevaux, faite à Mauriac, le 29 septembre 1837, par M. Delado, procureur du roi, sur un manuscrit de la fin du xiiie siècle. Manuscrit du xixe siècle. Papier. 4 ff. (Manuscrit de la Bibliothèque de Clermont-Ferrand. N° 218 (182.)

6°. — Jacopo Doria.

Jacopo Doria, Jacobus Auria, Jacopo Doria, de Gênes, écrivit, on ne sait au juste à quelle époque, une série de 59 chapitres sur la médecine vétérinaire, intitulés : « *Practica equorum Iacobi Auriæ.* » Morelli croit que ce Doria est celui qu'on a considéré comme une des plus brillantes lumières de son temps et de sa patrie (Annales Genovese, 1280). Muratori (p. 549-571) dit de même ; mais Heusinger prétend que la preuve n'en a pas été faite. Si l'on en croit Molin, ses écrits seraient bien au-dessous de la valeur d'un des membres d'une des familles les plus illustres de Gênes ; ses préceptes sur la vétérinaire, écrits en latin, seraient pour la plupart frivoles, ridicules et entachés de superstition. On peut en trouver la preuve dans le

traitement du farcin, guéri par la célébration de la messe et la consé-
cration de trois alleluias. Ercolani dit qu'il a été imprimé, en 1561, à
Bologne, un livre intitulé : « Norma seu regula equorum, » et, n'ayant
pu le consulter, il se demande s'il ne serait pas de Doria. Il avait eu connaissance de ce livre par une citation de Pozzi (Zoiatria.)

Doria est cité par Théodoric.

Manuscrit :

« Practica equorum. Quondam compilatio Domini Jacobi Auriæ (Doria.) » Manuscrit XIVᵉ siècle. Latin. Fol. 31 à 34. (Bibl. Saint-Marc de Venise. A. 263, I, 182
(l. VII-XXIV), A.

7°. — JACME DE CASTRES.

Juan Morcillo Olalla cite Jacme de Castres (Jacme de Castro), comme un
écrivain vétérinaire espagnol du XIIIᵉ siècle. Son livre : « *Libro de fechos de
caballos* » comprend 130 chapitres, un appendice et un formulaire. Dans la
préface, Jacme de Castres fait l'éloge du cheval, qu'il recommande aux
bons soins de tous, en raison des services qu'il rend et de son utilité pour
la défense nationale.

Manuscrit :

« Libro de menescalia del fecho de los cavallos et de las cavalzadas, » par Jayme
de Castres, seigneur de Camarles. Manuscrit du XIVᵉ siècle. Parchemin. 73 ff. à
deux colonnes. (Bibl. de Perpignan, n° 28 (anc. 79.)

8°. — JUAN ALVAREZ SALAMIELLAS.

Juan Alvarez Salamiellas ou Salamillas, espagnol, est l'auteur d'un traité
vétérinaire du XIIIᵉ siècle ; résultat, dit-il, de ses nombreuses lectures et de
sa propre expérience. On ne connaît rien de sa vie.

Manuscrit :

Manuscrit incomplet, divisé en deux parties :

1° « Qui commensa el libro de menescalcia de albeyteria et fisica de las bestias
que compuso Johan Alvarez Salamiellas. » 37 chapitres.

2° « Qui commença el y libro que fabla de las infermitades de los cavallos et de
sus curas. » Manuscrit, in-fol. sur parchemin, du XVᵉ siècle, enrichi d'un grand
luxe de vignettes, enluminées et dorées ; lettres gothiques. 75 ff. Il a été rédigé à
la demande de « Johan de Béarn, cavali r, sénescal de Begorre e cappitayne de
Lorde por nostre senhor lo rey d'Anglaterre e de France. »

Ce manuscrit est extrêmement intéressant à consulter pour l'histoire de la vétérinaire. Chaque chapitre est précédé d'une enluminure carrée ou rectangulaire,
représentant le vétérinaire ou le maréchal donnant ses soins aux chevaux malades ;
pansage, ferrure, saignée, castration, ingestion de médicaments, pose de sétons,
abatage, travail, suspension du cheval, etc., etc. Malheureusement le temps a fait
son œuvre et plusieurs de ces enluminures sont déjà à peu près effacées.
(Bibliothèque Nationale, Paris. Fonds espagnol, n° 214 (anc. fonds 7813. Classement de 1860, 214.)

9°. — Fray Bernardo Portuguès

Le moine Bernardo Portuguès est l'auteur d'un traité vétérinaire espagnol du XIIIᵉ siècle « *los siete libros de Albeiteria* », dont un manuscrit in-folio de 196 pages à deux colonnes, existe dans la Bibliothèque nationale de Madrid (L. 121). Ce manuscrit paraît être de la fin du XVᵉ siècle ou du commencement du seizième. Il se trouve annexé à un traité de chirurgie d'un autre auteur. Dans la préface de l'hippiatrique Bernardo Portuguès s'exprime ainsi : celui qui se destine à la profession vétérinaire doit avoir la connaissance de sept arts, parmi lesquels sont énumérées : l'astronomie, pour connaître les planètes, les signes de la lune et les jours favorables pour donner les purges et autres médecines ; la connaissance des herbes, leur nombre, leurs vertus ; la connaissance des maladies et la manière de les guérir ; la composition du corps de l'animal (Juan Morcillo Olalla.)

Quatorzième siècle.

10°. — Maurus et Marco.

Maestro Mauro, Magister Maurus, Marco, Mario, Marius, Malirio.

Maurus et Marco sont deux personnes distinctes, qui firent, en collaboration, un traité vétérinaire en latin, vers 1316.

Maurus, d'origine allemande, natif de Cologne, était maréchal de l'empereur d'Allemagne. Marco, d'origine grecque, né dans l'île de Chypre, était maréchal de l'empereur de Constantinople. Le dernier mot n'est pas dit sur ces deux auteurs qu'on a souvent confondus entre eux ou avec d'autres personnes. Ainsi Signorelli cite un certain Marius de Chypre qui aurait composé un traité vétérinaire avec un maréchal allemand. La presque similitude du nom a fait supposer à Signorelli, Molin, Métaxa, que Marius n'était autre que Maurus, tandis que c'est bien certainement de Marco dont il s'agit.

On ne sait rien des circonstances qui amenèrent le rapprochement de ces deux auteurs. On suppose que ce traité, compilation probable des géoponiques, composé en grec vers 300, fut traduit en latin par Maurus et Marco, puis traduit en langue italienne, en 1512, par Sergio Stiso de Brescia. Le manuscrit de cette traduction serait conservé dans la bibliothèque Barberine, à Rome, et annexé au travail de Fatio, écrit ou plutôt recopié en 1633. L'ouvrage de Maurus et Marco fut de nouveau transcrit en 1613 par les soins de Mariano Calo. Enfin, il paraît qu'il aurait été imprimé à Naples le 27 juillet 1728, par Marcello Lorenzi, qui en fit hommage au D. Rinaldo d'Aquino Pico, prince de Fereleto Castiglione. « *Il vero ma-*

nescalco ammaestrato circà la sua arte. Napoli, 1729. — Presso Stefano abbate, con licenza de superiori, 8 p.). »

Le travail manuscrit de Maurus et Marco est divisé en quatre parties. La première donne les premiers principes d'anatomie (avec figures), d'hygiène, de zootechnie; la deuxième, de 57 chapitres, est exclusivement réservée aux maladies du cheval; la troisième traite en 9 chapitres des maladies des bovidés; la quatrième est un mémorial thérapeutique (19 chapitres). En tout 97 chapitres de peu d'importance.

Maurus est cité quatre fois par Laurentius Rusius (Ch. 42, 137, 144, 151.)

Manuscrit :

Hippolyte Venturi dit qu'il y aurait dans la Bibliothèque de Sienne un manuscrit de Mauro, daté de 1345 :

« Libro de menescalria composto da Marco greco insiene con Mauro Thedesco. » Fol. 231 à 295. N° 6522. (Fosc. 159.) xvii et xviiie siècles. Italien « Tabulæ codicum manu scriptorum in Bibliotheca Palatina Vindobonensi. Vindobonæ 1874.)

11°. — LORENZO RUSIO

Ruzzius, Russo, Ruzo, de Ruccis, Ruse, Rugino, Rosso, Riso, Ruzio, Rusinus, Roscio, Russone, Risi, Risus, Ronzino, Russus.

Le nom de Rusio est celui qui a subi le plus de transformations. S'il a été tant dénaturé, c'est que ses œuvres ont été très répandues et beaucoup copiées par des copistes maladroits, auxquels importait peu l'exactitude scrupuleuse des textes.

On ne connaît pas la date précise de sa naissance, on sait seulement qu'il exerçait la médecine vétérinaire à Rome, vers le milieu du xive siècle, au service du cardinal Napoleone Orsini (1288-1347), auquel il dédia son œuvre. Dans la dédicace, qu'on trouve seulement dans les premiers exemplaires, Rusio raconte que, dès sa plus tendre enfance, il s'est occupé du cheval, et, qu'il vint à Rome pour apprendre beaucoup de choses, notamment celles qui concernaient le cheval et la guérison de ses maladies. « J'ai « voulu seulement rechercher avec diligence et la voie et le mode que « tiennent les seigneurs et les grands personnages, lesquels sont tenus de « chercher plus sûrement les secrets de cet art, ayant toujours voulu expé- « rimenter ce que j'ai trouvé décrit, pour trouver autant que possible la « vérité. » (Ercolani.)

Le Traité d'hippiatrique de Rusius, de même que celui de Ruffus, a été le point de départ de tous les travaux vétérinaires du moyen âge. La plupart des écrivains agronomes et vétérinaires de tous les pays l'ont successivement pris pour modèle, s'ils ne l'ont intégralement copié, et cela pendant plusieurs siècles.

La maréchalerie de Rusius comprend 181 chapitres, parmi lesquels figurent les 76 chapitres de Ruffus. Pour ceux là, Rusius s'est borné à les copier intégralement, ajoutant çà et là quelques indications plus ou moins insignifiantes. Cependant il ne cite nullement Ruffus, soit qu'il ait compilé ce travail sur une copie non signée, soit qu'il ait voulu s'approprier tout le mérite de l'œuvre. Autrement on ne comprendrait pas pourquoi il aurait omis de citer Jordanus Ruffus, alors qu'il a mentionné trois fois Maurus (Ch. 137, 144, 151). Quoi qu'il en soit, on peut d'ores et déjà affirmer que plus d'un tiers de la maréchalerie de Rusius a été intégralement empruntée à Ruffus. A-t-il fait d'autres emprunts? La plupart des historiens vétérinaires croient qu'il s'est servi des hippiatriques grecques et latines, et qu'il a aussi compulsé les travaux de Théodoric de Cervie et de Maurus. Or, dans le travail de Rusius, pas plus que dans celui de Ruffus, nous ne trouvons trace des œuvres vétérinaires de l'antiquité, et nous pouvons affirmer que ces deux œuvres sont bien inférieures à celles des hippiatres grecs et latins. Bien qu'il nous soit impossible de retrouver exactement les sources auxquelles Rusius a puisé; nous pouvons cependant en indiquer quelques-unes. En comparant ces travaux avec ceux des autres vétérinaires du moyen âge, nous constatons que plusieurs chapitres sont tirés d'Albert-le-Grand, de Ruffus. Il est donc probable que les chapitres restant ont été empruntés à d'autres ouvrages antérieurs, peut être à l'ippocrate indien, et que la part de Rusius se résume à peu de chose.

Manuscrits.

A. — MANUSCRITS EN LANGUE LATINE

1. « Incipit liber Marescalciä compositus a **Laurentio dicto Ruco** familiare reverendi domini Neapolonis sancti Adriani diaconi cardinalis ». Manuscrit copié en 1506. 181 chapitres, 76 ff. (Bibl. Nat. Paris. Fonds latin, N° 10231 [Supp. 767]).

2. « **Laurentius dictus Ruzius Manescallus** de urbe » et à la fin « Explicit liber manescalcia equorum compositus per Laurentius dictum Ruphus de urbe manescallus et familiaris reverendi patris domini Napoleonis de Ursinis »..... Sur le dernier feuillet est ajouté un traitement pour la pousse, addition faite en français par la main d'un autre copiste. Préface. 181 ch., 140 ff. (Bibl. Nat. Paris. Fonds latin. N° 10232 [Supp. 166]).

3. « Incipit liber Marescalcie equorum compositus per **Laurentium dictum de Ruccis** de urbe Marescalcum equorum ». Ce manuscrit, dit Molin, est le plus beau et le mieux conservé. Il aurait appartenu à la famille Malatesta de Cesena (Pietro Delprato.)

4. « Incipit liber de signis bonitatis et malitie equorum..... Editus a Magistro **Laurentio de Urbe, dicto Russo**, deductus demum in latinum idioma a fratre Antonio de Barulo ». Manus. XV° siècle. (Bibl. de Parme. N° 315.)

5. « Liber marescalciä equorum, compositus per **Laurentium dictum Ruzum**, de urbe, merescalcium equorum. XV° siècle. Fol. 1 à 59. (Bibl. Saint-Marc de Venise — a. 237, I., 158 [l. VII-XXXVIII].

6. « Laurentius Ruzii liber marescalcium equorum ». 79 chap. Fol. 1 à 50. xvie siècle. (Bibl. Saint-Marc de Venise — a. 314, I — 215 [l. vii-xxxi]) Z.

7. « Laurentius Ruzius. Liber marescalciæ, seu hippiatria. 175 ff. in-8°. xve siècle (Bibl. Palatine de Vienne [Vindobonæ]. N° 11194 [Méd. 180].)

8. Lorenzo Rosso. Mascalcia. « Incipit liber de signis et bonitatis » suivi de « La natura del cavallo medezinalle e del mule, segondo gli autore græce et atini ». xive siècle. 73 ff. (Bibl. universitaire de Pavie. Fonds Aldini, 582.)

9. « Laurentius Rusius, dictus regius Marescalcus, de equis » xve siècle. Fol. 154 à 199. (Bibl. univ. Rheno Trajectinae. N° 713. [Eccl. 187, aut 296 b].)

10. « De universa equorum ratione Laurentii Rugini præclarum opus ». Mentionné par Morelli dans la bibliothèque Farsettiana.

11. « Rucius Laurentius, de cura equorum ». Cart. in-4°. xve siècle. Cursive. Cité par Delprato.

12. « Liber Marescaltie compositus a Laurentio dicto Rutio. — Cirusia, overo Mascalcia de cavalli ». Pet. in-fol. xve siècle. L'original en latin est composé de 52 ff.; la version italienne en contient 22 (Huzard, n° 3495.)

13. « Magistri Laurentii Ronzini de urbe, veteri de veterinaria medicina sive liber Marescalciae ad. D. Neapoleonem cardinalem S. Adriani (Bibl. Laurentiana medicea. Pluteus lii [Montfaucon].)

14. « Anonyme liber chirurgiae equorum compositus ex diversis libris, in fine dicitur : compositus per Magistrum Rusium Marescalcium » (Bibl. reginae sueciae in Vaticana [Montfaucon].)

15. « Laurentii de Ronzinis liber marescalciae sive de cura equorum »; annexé au fol. 160 à la suite d'autres manuscrits (Bibl. royale de Munich [Monacensis]. Fonds latin. l. 243².)

16. « Hippiatrica sive Libellus de morbis equorum et eorumdum curatione Laurentii Rusii » (Italice idiomate). Manusc. du xve siècle (Bibl. Nat. Paris. Fonds latin. N° 7018.)

17. « Laurentius Rusius, dictus regius Marescalcus, de equis, ad Neapoleonem cardinalem ». Fol. 154 à 199. Mss. du xve siècle (Mss. Bibl. universitatis Rheno Trajectanæ. N° 713.)

B. — Manuscrits en langues italienne et sicilienne

1. « Tractato della maniscalcheria, composto per maestro Laurentio, dicto Ruzio ». xve siècle (Bibl. Nat. Fonds italien. N 944 [ancien 8118³. Baluze 830¹.)

2. « Libro il quale tracta di Malischalcheria, facto e composto per Lorenzo da Roma, famiglio del reverendissimo padre et signore messer Napoleone cardinale di sancto Adriano ». In-4°, xve siècle. Manuscrit possédé par Giuseppe Farsetti (Pietro Delprato.)

3. « Rugiu Lurenzu dectu Marescalcia de Roma ». xve siècle. Cart. (Pietro Delprato.)

4. « Rusio Lorenzo. Commenza il libro de signi de la bonta et malicia de cavalli..... fatto da Magistro Laurentio de la cita Roma, detto Rosso in latino et converso in vulgare da frate Antonio de Barulo ». Papier. 169 chap. Ce manuscrit est la traduction en langue sicilienne du manuscrit latin inscrit sous le n° 5 (Bibl. de Parme [Delprato].)

Imprimés.

A. — ÉDITIONS EN LANGUE LATINE

1. « Liber marescalcie compositus a Laurentio dicto Rusio familiari reverendi patris domini Napoleonis sancti Adriani dyaconi cardinal ». In-4° semi goth. Cart. 4 ff. pour la table, 99 de texte. On croit que c'est la première édition du traité de maréchalerie de Laurentius Rusius. Elle paraît avoir été imprimée à Rome par Eucharus Silber (Ebert 19616). C'est probablement la même édition que celle désignée dans le cat. de Kloss sous le n° 3242, comme une production des presses de Pierre Drach, à Spire, 1486-1489 (Huzard, Brunet, Græse.)

2. « Hippiatria, sive Marescalia Laurentii Rusii ad Nicolaum sancti Hadriani diaconum cardinalem, in qua praeter variorum morborum plurima, ac saluberrima remedia, quadraginta tres commodissimœ frenorum forma excussæ sunt, ut nullum tunc novo oris vitis laborantem equum inveniens, cui non hinc occurrere possis. — Parisiis excudebat christianus Wechelus, in via ad divum Jacobum, sub intersigni scuti basilensis ». 1531. In-fol., 8 fig. et 143 p. (Huzard, n° 3497.)

9. 1532 Réimpression de l'édition de 1531. Huzard, n° 3498. D'après Brunet, les éditions de 1531 et 1532 ont le même nombre de pages et sont cependant différentes.

B. — ÉDITIONS EN LANGUE ITALIENNE

1. « Opera de l'arte del Malscalcio, di Lorenzo Rusio ; nella quale si tratta delle razze, governo, et segni di tutte le qualita de cavalli, e di molte Malattie; con suoi remedij ; con la descrittione di alcuna maniere di morsi; nuovamente di latino in lingua volgare tradotta. In Venetia Tramezino 1543 ». Pet. in-8°. Première traduction italienne de l'œuvre de Rusius. Francesco Zambrini croit que c'est la traduction du texte latin publié à Paris en 1532 (Huzard, n° 3503.)

2. Réimpression de l'édition de 1543. « In Venetia Tramezzino ». Pet. in-8°. 1548 (Huzard, n° 3504). On attribue à cette traduction plus de valeur qu'aux autres. Elle fut faite aux frais de l'imprimeur Michel Tramezzino, qui obtint un privilège de dix ans du Sénat vénitien et du Pape Paul III.

3. Nouvelle réimpression de l'édition de 1543. « Nuovamente da molti errori coretta e ristampata. — In Venetia Giglio ». 1559. Pet. in-8° (Huzard, n° 3505.)

4° » Lorenzo Rusio, la Mascalcia, volgarizzamente del secolo XIV, messo per la prima volta in luce da Pietro del Prato, aggiuntavi il testo latine per cura de Luigi Barbieri. Bologna, presso Gaetano Romagnoli ». 1867-70. 2 vol. in-8°. Fait partie de la collection « di Opere inedite o rari dei primi tre secoli della lingua » publiée par les soins d'une commission pour le texte de la langue. Le premier volume contient le texte latin ; dans le second on trouve un essai sur l'Histoire de la Vétérinaire dû à Delprato et un glossaire de Luigi Barbieri. J'ai comparé le texte latin avec celui de l'édition de Rusius de 1551, et j'ai constaté une concordance parfaite entre ces deux textes, même nombre de chapitres, même ordre.

Ce traité est écrit dans une des plus anciennes langues italiennes, en sicilien, et complété par un texte latin inédit.

C. — ÉDITIONS FRANÇAISES

1re Edition.— La Mareschalerie de Laurens Ruse, translatée de latin en françois, en laquelle oultre plusieurs salutaires remèdes de diverses maladies, ont esté imprimées maintes figures de mors, par lesquelz on peult secourir, ayder et guarir tous vices de bouche, que pourroit avoir ung cheval.

Imprimé à Paris par Chrestien Wechel. 1533. In-fol. goth., 4 col., 54 ff., fig. (Huzard, n° 3510.)

2° Edition. — Le même ouvrage, réimprimé et corrigé nouvellement. On le vend à Paris, chez Chrestien Wechel. 1541, In-fol., fig. (Huzard, n° 3511.)

3° Edition. — Paris. Charles Périer. In-4", fig. sur bois : à laquelle est ajoustée un autre traicté de remèdes.

4° Edition. — Paris. Ch. Périer. 1560. In-4", fig. sur bois. Brunet ne cite pas cette édition, pas plus que celle de 1567.

5° Edition. — En laquelle y avons adjousté un autre traicté de remèdes ; le tout nouvellement reveu, corrigé et augmenté sur un veil original. Paris. Charles Périer. 1563. In-4" parch., fig. sur bois (Huzard, n° 3512)

6° Edition. — In-4". 1567.

7° Edition. — La Mareschalerie de Laurent Ruse, où sont contenuz remèdes très singuliers contre les maladies des chevaux, avec plusieurs figures de mors. En laquelle y avons adjousté « un autre Traicté de remèdes (30 chapitres) » ; le tout nouvellement reveu, corrigé et augmenté sur un vieil original.

Paris. — Guillaume Auvray, rue Saint-Jean-de-Beauvais, au Bellérophon couronné. 1583. In-4° parch., avec privilège du roi, 112 pages (Huzard, n° 3513).

Cette édition est dédiée au seigneur Loys de Bordeaux, sieur du lieu et d'Estouvy, gentilhomme ordinaire de la chambre du roy, capitaine de la ville et chasteau de la Vire et enseigne de cent hommes d'armes des ordonnances de Sa Majesté. Le texte français de cette édition est rangé dans le même ordre que celui de l'édition latine de 1531. Il y a un chapitre en plus, 182 au lieu de 181 ; mais ce chapitre, qui est l'avant dernier, paraît avoir été rajouté. Du reste il est insignifiant.

8° Edition. — Paris. André Périer. — In-4" (Huzard, n° 3514.)

12°. — Uberto di Curtenova.

Uberto di Curtenova, comte et chanoine de Pergame, écrivit en latin un petit traité « *De ægritulinibus equorum* », dans lequel se trouvent d'étranges noms de maladies, semblant n'appartenir à aucun idiome connu. Il contient 89 chapitres. On ne sait pas au juste à quelle époque il fut écrit.

1. Un manuscrit d'Ubertus de Curtenova est joint à celui de Rusius qui se trouve dans la Bibliothèque Saint-Marc de Venise. Il porte le titre suivant : « Cupiens ego Ubertus de Curtenova comes et canonicus Pergamensis sub certis titulis per ordinem compilare tractatum de ægritutinibus equorum, » etc., etc. Fol. 57 à 75. xvi° siècle. (Bibl. Saint-Marc de Venise. (A. 314, I. 215. (l. vii-xxxi), Z.

2. Un autre se trouverait dans la Bibliothèque du Vatican. In Bibl. reginæ sueciæ in Vaticana (Montfaucon).

13°. — Dino di Pietro Dini.

Dino di Pietro Dini, d'une famille de Florence, d'où étaient déjà sortis sept vétérinaires, est l'auteur d'un traité vétérinaire, commencé le 19 janvier 1352 et terminé le 29 décembre 1359.

« J'ai voulu, dit-il, exercer mon faible talent à percer l'obscurité qui
« entourait la médecine des animaux, alors grossièrement exercée. » Plus
loin il ajoute : « Tous les artisans de cet art se sont désaccoutumés de
« l'étudier, parce que la plupart, fils de travailleurs de la terre, élevés à la
« rustique et à la garde des troupeaux, n'avaient pas reçu l'instruction
« nécessaire. Il s'ensuit donc qu'ils ne pouvaient être de véritables artistes
« (*artefici*), puisqu'ils étaient illettrés. »

Dans la préface de son « Mascalcia, » il donne de curieux détails, non
seulement sur sa famille, mais encore sur plusieurs maréchaux qui l'ont
précédé.

Dino di Pietro Dini, son aïeul, maréchal très renommé de Florence, eut
trois fils, qui tous trois exercèrent la maréchalerie : Christofono, Agostino,
Pietro. Ce dernier fut le père du Dino, dont nous nous occupons ici. Il eut
plusieurs enfants, entre autres Giacomo, qu'il destinait à le remplacer et
que la mort enleva au moment même où il allait lui succéder. Aucun de ses
autres enfants n'étant aptes à faire office de maréchal, il jeta les yeux sur
son plus jeune fils, Dino, à qui il avait fait faire des études, qu'il lui enjoi-
gnit de cesser pour apprendre son état. Voilà comment Dino devint
maréchal.

Parmi les hippiatres ses contemporains ou antérieurs, il cite :

Minuccio, de la cité d'Arezzo, maréchal de Guido, évêque et seigneur
d'Arezzo, très expert en maréchalerie, « beau parleur, très bien élevé et de
bonnes manières. »

Pietro, de la ville de Cortone, homme très expert en son art et surtout
très habile à pratiquer la castration sans entraver le cheval (probablement
sur le cheval debout.)

Andréa, « maréchal de grande valeur, » dès qu'il voyait un cheval
atteint d'une maladie quelconque, décrite dans Végèce, il indiquait aussitôt
le livre, le chapitre, la page où elle se trouvait décrite et tout ce qu'en
disait Végèce. Nommé par son maître capitaine de gens d'armes à cheval, il
mourut honorablement dans une bataille de Lombardie.

Caperozolo, citoyen d'Arezzo.

Guglielmo Lucci dalla Scorperia, né dans le comté de Florence. Très
expert en maréchalerie, il était surtout très habile à ferrer des pieds pathologiques. Il passait, dit-on, plusieurs jours à ferrer un pied malade et quelquefois deux ou trois jours à ferrer les quatre membres. Ces fers, dit Dino,
étaient très beaux et ne présentaient aucune trace de coups de marteaux. Ils
s'adaptaient tellement aux sabots qu'on aurait pu les croire faits sur

mesure. Ses clous étaient minces et légers ; aussi en mettait-il quelquefois quatorze à quinze pour un grand fer.

VALENTINIANO DE GULIA. Dino n'en parle que par ouï dire. C'était, paraît-il, un homme de belle prestance, très coquet, revêtu de vêtements riches, doublés de fourrure, à ceinture d'argent. Assez versé dans l'art oratoire, c'était un hippiâtre de médiocre valeur. C'est lui qui prétendait guérir un cheval boiteux, en amincissant la corne jusqu'au vif du pied sain correspondant, et, en frappant ce pied violemment avec un fort marteau, de façon à le rendre boiteux de ce pied et à égaliser ainsi les aplombs.

Dino, dans son « Mascalcia » divisé en cinq livres, a copié Végèce, qu'il a aussi traduit en toscan. Il a fait aussi de nombreux emprunts à d'autres hippiatres et il ne s'en cache pas. Il cite Végèce, Socrate (probablement Hippocrate), Aristote, Giordano, évêque de Cervie, Ruffus, etc.

Manuscrits :

1. « Trattato di Mascalcia di Dino di Pietro Dini, maliscalco di Firenze. » Manuscrit du xvi⁰ siècle. Papier. 300 pages. Écriture cursive ; bien conservé. (Bibl. Nationale, Paris. Fonds italien. N° 459 (anc. 7338³·³.)

2. « Mascalcia di Dino di Pietro Dini Maniscalco et cittadino florentino. » (Bibl. Ricardiania de Florence (Firenzze). N° 1684.)

14°. — BARTOLOMEO SPADAFORA.

Bettinelli, dans ses mémoires pour servir à l'histoire littéraire de la Sicile (t. I, part. III), parle d'un traité vétérinaire, écrit en dialecte sicilien, par un nommé Bartolomeo Spadafora de Messine.

Ce livre, qui contient 50 chapitres, commence ainsi : « *Acumenza lu libru de la maniscalchia di li cavalli di lu magnificu misser Johanni de Cruyllis* ». Molin croit, d'après l'ordre des chapitres, que c'est une version sicilienne de Ruffus, mais Ercolani prétend que rien ne prouve cette assertion. Ercolani semble être dans le vrai. Il existe en effet, à la Bibliothèque Nationale, un manuscrit intitulé : « *Liber Hierocles ad Bassus, de curatione equorum* », portant comme sous-titre qu'il a été traduit du grec en latin par Bartholomeo de Messine, par ordre de Manfred, roi de Sicile.

Manuscrits :

1. Manuscrit du xv⁰ siècle, trouvé à Catane, dans la Bibliothèque de Saint-Nicolas l'Arena (Domenico Scavo).

2. « Liber Hierocles ad Bassus, de curatione equorum, in ordine perfecto habens capitula diffinita. Translatus de græco in latino a Magistro Bartholomeo de Messana, in curia illustrissimi Manfredi, regis Siciliæ, scientia amatoris de Mandati suo. Manuscrit, à la suite de traités divers. (Saint-Magl., 61.) (Bibl. Nat., Paris. Fonds français, n° 20167.)

15°. — Martino de Bologne.

D'après Fantuzzi (Scritta Bologna 1847, 2023), Martino exerça la médecine à Bologne au xive siècle. On ne connaît Martin de Bologne que par quelques additions qu'il fit à l'œuvre de Rusius. Molin, p. lvi, Ercolani, disent que ces additions ne sont pour la plupart que folles, ridicules et empreintes de superstition.

Manuscrit :

1. « Additiones factæ per Martinum Bononia super libro Marescalcia. » Joint à un manuscrit de Rusius. Fol. 51 à 52. Manuscrit latin, xvie siècle. (Bibl. Saint-Marc de Venise. A. 314, I. 214. [l. vii-xxxi]), Z.

16². — Manuscrits anonymes.

1.

« De equis curandis notabilia germanica », commence ainsi : « Welich res wasserreich ist. » Fol. 126-127. Manusc. allemand du xive siècle. (Bibl. Palatine de Vienne (univ. 382.) N° 3217.)

2.

« Tractatus de infirmitatibus equorum et eorum cura. » Fol. 190-201. Manuscrit latin, in-4°. xive siècle. (Bibl. Palatine de Vienne (univ. 948.) N° 5407⁴.)

3.

« Liber de equis. » 22 ch., 72 ff. Manusc. goth. xive siècle. (Bibl. Vadianischen de Saint-Gallen. N° 233.)

4.

« Arsteyde van den perden. » (A la suite de plusieurs traités de médecine.) Manusc. du xive siècle. (Bibl. univ. Göttingen. Hist. nat. N° 51.)

5.

« Liber dictus pratica equorum. • Fol. 1 à 26. Pratica canum, fol. 26-27. Manusc. du xive siècle de l'Université d'Oxford (Black.) N° 1427.

6.

« 1° La cirurgie des chevaux. » Fol. 1 à 24.

« 2° Le livre du trésor de cyrurgie en français. » F. 25.

Incomplet au commencement. Vélin. xive siècle. (Bibl. Nat., Paris. Fonds français (anc. 7919.) N° 2001.)

7.

Traité des chevaux. Vélin (Gaign. 82.) xive siècle. (Bibl. Nat., Paris. Fonds français. N° 25341.)

Quinzième siècle.

17°. — Albrecht.

Hippiatre allemand. On ne connaît rien de sa vie. On sait seulement qu'il a laissé un travail d'hippiatrie dans lequel il s'intitule « maréchal de l'empereur Frédéric et écuyer du roi de Naples ».

Manuscrits :

1. « Rossarzneibuch. » 1re partie : « In diesem puch sind begriffen manicherlay gute stuck und arczney zu den Pferden Dienende. » — 2e partie : « Ettliche sunderliche stuck von Arczney, die etwen maister Albrecht Kaiser Friderichs Schmid der auch des Kunigs von Napolis marstaller gewesen ist gemacht hat. » Après commence un nouveau traité des maladies du cheval de Jordanus Ruffus (Vgl. zu Pal. germ. 255-297.) Manuscrit de la Bibliothèque d'Heidelberg. Papier. xve siècle. 64 et 115 ff. Initiales rouges. N° 226.

2. Même traité vétérinaire que ci-dessus. A la page 83 commence un deuxième traité vétérinaire qui finit à la page 141. « On des Pferds gepürde und emphang zu schreiben sprich ich. » De la page 141 à 160 suivent des remèdes pour les maladies des chevaux et des hommes. (Pal. germ. 408.) Manusc. Papier. xve siècle. 160 ff. 4 parties, plus une table. (Bibliothèque d'Heildelberg. N° 227.)

3. Même traité. Vel. (Bibl. Heidelberg. N°s 144 et 141.)

Imprimé :

Neumann signale une édition de ce traité vétérinaire publiée à Ulm en 1494.

18°. — BARTOLOMEO GRISONE.

Bartolomeo di Bernardo di Grisone, de Bologne, écrivit, vers 1429, un traité de pathologie bovine et équine. Ce traité, dit Ercolani, ne donne qu'une piètre idée de la médecine bovine à cette époque. Il ne faut pas confondre Bartolomeo Grisone avec Fréderic Grisone, écuyer napolitain du xvie siècle, qui publia également une pathologie vétérinaire.

19°. — VISCANTO GIROLAMO.

Viscanto Girolamo, hippiatre italien, a écrit, au xve siècle, un traité vétérinaire : « *Libro di Muscalcia cavalo da diversi da Girolamo Viscanto,* » qui n'est que la traduction en italien des travaux de divers auteurs (Végèce, Ruffus, Rusius). Ercolani signale un manuscrit de cet ouvrage dans la bibliothèque « Magliabecchiana » de Florence, XVe section, n° 42.

20°. — PIERO ANDREA.

Dans le manuscrit n° 30 de la bibliothèque « Magliabecchiana » de Florence, on lit ce qui suit : « *Incomincia el libro composto da Messer Piero Andrea in manescalchia homo expertissimo et exercitata longamente in corte de la bon memoria del Re Alfonso, e poi dello suo inclito e sapientissimo figliolo Re Fernando de Aragona.* » (Ercolani.) On voit, d'après ce qui précède, que Piero Andreo aurait été maréchal à la cour du roi Alphonse.

C'est tout ce qu'on sait de sa vie. Ses descriptions pathologiques sont bien inférieures à celles de Ruffus et de Rusius. La partie la plus importante de son travail a trait aux diverses robes des chevaux.

21°. — GIOVANNI.

On ne sait rien de « maestro Giovanni » ou « messer Johanne. » On sait seulement qu'il a composé un traité de « mascalcia » à l'époque de Charles le Grand, « Carlo Magno imperadore. »

Manuscrits :

1. « Trattato di Mascalcia.... Questa he la medicina la quale messer Johanne fe nel tempo de re Carlo Magno imperadore. » Manusc. xv° siècle. Très bien écrit. (Bibl. Nat., Paris. Fonds italien (anc. 7738.) N° 457.)

2. « Recepto de amaçare li vermi a li falcone. » Fol. 9 à 16. « Trattato di mascalcia di messer Giovanni. » Fol. 17 à 65. xv° siècle. (Bibl. Nat., Paris. Fonds italien (anc. 7740, Aragona.) N° 928.)

3. « Regole da conoscere le qualita de cavalli. » Fol. 1 à 306. « Raccolta di memorie che fece nel tempo di re Carlo magno messer Giovanni il quale sapeva tutte le condizione delle febbri ed altra infirmitadi che si generano nel corpo delli cavalli. » F. 1 à 113 avec index. Manuscrit. xvii° siècle. (Bibl. de Rovigo (7, 3, 12.) N° 110.

4. « Trattato del cure, che aversi debbano. 1" De falconi ; 2" de cavalli, questa e la memoria laquale messere Johanne fe nel tempo del re Carlo Magno imperatore. » Papier, in 4°. Écriture ronde. Bien conservé. (Bibl. Nat., Paris. Fonds italien. N° 7740 bis.)

5. On trouve d'autres manuscrits de Giovanni, à la suite de ceux de Facio.

6. « Trattato di Mascalcia. » Papier, in-4". xvi° siècle. (Bibl. Nat., Paris. Fonds italien (anc. 7735.) N° 937. Même que le n" 928.)

22°. — FACIO.

Maestro Facio, maître Facio, de la « amegdolora, ou amagdalora, ou amendolora », est un écrivain vétérinaire du xv° siècle, sur lequel on a peu ou pas de données. On sait seulement que, sur les instances de Bernarbo de Saint-Severino, comte de Lauria, il écrivit un traité d'hippiatrique qu'il dédia à « Ferdinand, roi de Sicile, de Hongrie et de Jérusalem. »

Manuscrits :

1. « Trattato di mascalcia del maestro Facio. » Papier in-4". Caractères semi-gothiques. 280 ff. xv° siècle. Manuscrit commençant ainsi : « Qui incomincia lo libro de la menescalchia ordinato secundo maestro Facio de la Agmedolara ad laudem felicissimi nostri regis Ferdinandi feliciter incipit. » Suit la table et les titres des chapitres. A la fin on lit : « Sub anno millemo quatricentemo bis treceno addito quarto. Ditissimi et illustrissimi felicissimique Domini nostris regis Ferdinandi regis Sicilie Hungarie et Jerusalem. » Reliure au chiffre de Henri IV et de Diane de Poitiers. (Bibl. Nat. Fonds italien (anc. 8103.) N" 940.

2. « Compendio del trattato di Mascalcia del maestro Facio. » Papier in-8". Bien

conservé. xv° siècle. 114 ff. Extrait du n° 1 par un anonyme. Il commence ainsi :
« Queste e uno receptario di maneschalcia composto per mastro Facio della Ameg-
dolara seguendo lo modo et ordine infrascripto si come lea vederete. » Bibl.
Nat., Paris. Fonds italien (anc. 8104.) N° 941.)
Résumé du précédent.

3. « La Mascalcia di maestro Facio. » Commençant ainsi : « Questa e la memoria
laquale Giovanne fecit tempore de re Carlo Magno imperatore. » Papier in-4".
(Bibl. Nat., Paris. Fonds italien (anc. 7739.) N° 938.)

4. « Incomincia la tabula delli capituli de la manescalchia de maestro Facio et
imprimis delle febre lequal se generano nelli corpi delli cavalli et sono cinque.....
Questa e la memoria laquale misser Joanne fe nel tempo de re Carlo Magno
imperatore : quale misser Joanne sapeva la condictione e tucte febre et altre infir-
mitata che se generano nelli corpi delli cavalli. » Manuscrit. Bibliothèque
« Magliabecchiana. » N° 30.

5. « Questo e uno libro de maniscalcheria moulto expermentato composto per
maestro Facio patarino de la Amendolara, ad istanza de Bernarbo de Santo Seve-
rino, conte de Lauria suo discipulo et signor de la dicta de la mendolara. »
Manuscrit qui aurait été en la possession d'Ercolani.

6. Manuscrit de Facio ; à la suite d'un traité sur la peste d'Andrea Gratiolo di
Salo. Bibliothèque de Parme (autrefois Palatina de Lucca.) N° 588.

7. Volume de recettes, composé par maestro Facio, et copié en 1622. Bibliothèque « Barbarina. » Signalé par Métaxa.

8. Manuscrit du xvi° siècle ayant appartenu à Ottaviano del Prato. Dans la
première page on lit que Facio en est l'auteur. Dans la seconde, il est attribué à
Giovanni. Bibliothèque de Parme.

9. « Maestro Facio. Liber de cura equorum. Manuscrit italien. xvii° siècle.
Fol. 73 à 127. Bibl. Palatine de Vienne. (Vindobonae.) (Suppl. 2185.) N° 15075.

23°. — GIORGIO.

Quel est ce Giorgio ? On ne sait pas au juste. Peut-être, dit Delprato,
pourrait-on le confondre avec un certain Antonello Giorgio da Tarso, dont
un manuscrit relatif à l'hippiatrie aurait été vendu à Paris, sous le titre
suivant : « *Incomincia el libro di Marescalcaria composto da eccellente
maestri regi. Manoscritto in-8° del secolo XVI, di carto, 102 in carattere
corsivo...... Tabulo in ordine alfabetico ridotta per Antonello Giorgio da
Tarso ad lo mg. co et generoso mr. Giovanni Battista de Comani.* » Mais ce
n'est qu'une hypothèse.

Dans la bibliothèque de Parme, autrefois Palatina de Lucca, on conserve
un manuscrit du xvi° siècle, de Giorgio, intitulé : « Delle medicine de'
Cavalli. » Il commence par une évocation à Jesus Maria, sous laquelle est
écrit : « Di Pierino Montalcini in Luca ecc. 1601. » C'est un assemblage de
manuscrits d'écritures différentes et d'auteurs différents : outre les noms
de Facio, que Giorgio a souvent cité ; de Rusio, qu'il a copié en partie, on
relève plusieurs autres noms de personnes qui se sont occupées de vétérinaire à cette époque : *Rosso d'Ayossa* qui, en 1470, proposa un traitement
pour les crevasses ; *Alberico Caraffa,* qui préconisa un remède spécial

contre les atteintes ; le *duc de Calabre,* qui recommanda un traitement pour l'enclouure ; le *comte d'Altavilla,* qui, en 1467, indiqua une préparation pour guérir les porreaux ; *Gabrielle Curiale,* qui s'occupa des suros, 1467 ; le *duc de Venise,* 1467, auteur d'un traitement pour la gale, etc., etc.

Du reste, tous ces noms se retrouvent dans les manuscrits de Giovanni et de Facio.

24°. — Agostino Columbre.

Agostino Columbre, de San Severo, était maréchal. C'est en cette qualité qu'il a composé un traité d'hippiatrique dédié au roi Ferdinand d'Aragon. Bien que ce livre ait eu plusieurs éditions, leur rareté a fait qu'Agostino Columbre resta pendant longtemps inconnu. Ercolani fut le premier qui le tira de l'oubli. D'après l'ordre des matières, la répartition des chapitres, on suppose qu'il a beaucoup emprunté à ses devanciers, notamment à Végèce. Il parle d'un Simon de Gênes, « Simonis Januensis. » D'après Delprato, ce Simon aurait écrit un traité vétérinaire « De la cura del cavallo, » dont le manuscrit, de quatorze pages, en italien vulgaire, aurait été en la possession du professeur E. Carraglia.

Le traité d'Agostino Columbre s'occupe, pour la première fois, de l'anatomie du bœuf et du cheval. Il cite Végèce, sous le nom de Nigressio, Pline, Aristote, Albert le Grand, Apsyrte, Pelagone, Giovannus Damascenus, Giordanus Ruffus, Rusio, Dino, etc., dont il écorche plus ou moins les noms.

Imprimés :

1. « Incomincia il libro (de Manuschansia) de maistro Augustino Columbre Maneschalco de Santo Severo dedicato al re Ferdinando de Ragona. Stampata in Venesia per Gulielmo da Fontaneto de Monferra ad instantia de Hieronymo de Gilberti de Padua e zuane Bresano. » 1518. In-4°.

2. « I tre libri della natura de cavalli e del modo di medicar le loro infirmita, composti da maestro Agostino Columbre, Maniscalco di San Severo. » In Venezia, 1536. Petit in-8°. In Venezia, 1547. Petit in-8°.

3. « Della natura de cavalli et del modo di medicare le loro infermita libri III, composto per Agostino Columbre. » In Venitia. Franc. Fasani, 1561. In-8°. (Huzard. N° 3767.)

4. « Del modo di conoscer la natura di cavalli et le medicine appartenente a loro : da M. Agostino Colombre. » In Venetia. Aless. de Vecchi, 1622. In-4°.

25°. — Feschal.

Signalé comme auteur d'un traité vétérinaire. Huzard en mentionne un manuscrit :

« *Traité d'hippiatrique,* » par messire Jehan de Feschal, chevalier. In-folio. 68 ff. Manuscrit du xv° siècle, sur parchemin, contenant :

1° Comment on doibt emboucher tous chevaulx ;

2° Toutes les malladies qui peuvent venir à chevaulx ;

3° Comment on doibt bailler l'estelon à la jument, etc.

26°. — Manuel Diaz.

Dom Manuel Diaz, majordome de la cour du roi Alphonse V d'Aragon, composa un traité vétérinaire intitulé : « *Libro de Albeyteria,* » divisé en deux livres. Le premier traite de l'élevage, de l'extérieur et des maladies du cheval ; le deuxième comprend l'étude zootechnique du mulet. L'œuvre de Manuel Diaz contient bien des puérilités, mais on ne peut nier qu'elle n'ait eu son importance à une époque où les livres de cette nature étaient si peu nombreux en Espagne. En effet, si l'on en croit la chronique, pendant les guerres nécessitées pour la soumission des provinces des Abruzzes, une épizootie ravagea les chevaux de l'armée, et beaucoup périrent faute de soins donnés par des hommes compétents. Le roi Alphonse s'émut de cet état de choses et ordonna à son majordome, Manuel Diaz, de réunir les plus habiles maréchaux de la cavalerie afin de s'entendre avec eux pour composer un livre d'hippiatrique. C'est là l'origine du livre de Manuel Diaz, qui fut primitivement écrit en castillan. (Morcillo).

Le professeur Rodriguez de Madrid croit que ce traité n'est qu'une compilation des meilleurs écrivains vétérinaires italiens que Diaz apprit à connaître après la conquête de Naples en 1494.

Manuscrits :

1. « Manascalcia », en catalan, commençant par : « Aquest libre es estat trasladat dun libre quel rey Don Alfonço de Castilla mana fer en feyt dells cavals et de lur faysous e de lurs malalties. » Papier 59 ff. xvᵉ siècle. On croit qu'il est de Manuel Diaz. (Bibl. Nat., Paris. Manusc. espagnols. (Classement de 1860. N° 297. Ancien fonds, 7919³. Colbert, 3979.) Nᵒ 297.

2. Autre exemplaire incomplet du traité de « Manascalia, » en catalan. A la fin une main plus récente a ajouté : « Receta para mal de la nube del ojo del cavallo de maestro Cola, ferrero de Capua. » xvᵉ siècle. Papier. 135 ff. Le manuscrit commence au folio 99. (Bibl. Nat., Paris. Fonds espagnol. (Classement de 1868. N° 215. Ancien fonds, n° 7813³. Baluze, 457). Nᵒ 215.

3. « Traité d'hippiatrique, » par Manuel Diaz, maistre d'oustel de doint Alfont, roi d'Aragon. Papier. xvᵉ siècle. Bibl. Nat., Paris. Fonds français. (Ballesdens, Colbert). N° 2002.

4. La bibliothèque du couvent des Prédicateurs de Valence conserverait un manuscrit de Manuel Diaz, in-folio sur vélin, du xvᵉ siècle, en langue limousine pure et commençant par ces mots : « Ce livre a esté compilé et expérimenté par le noble Massen Manuale, die seigneur de la ville d'Andilla. »

5. « Traité des chevaux et des remèdes pour toutes leurs maladies, » par Manuel Diaz. xvɪᵉ siècle. (Bibl. École de médecine de Montpellier. [Hœnel]).

Imprimés :

1. « Libro de Albeyteria, » par D. Manuel Diaz. En Çaragoça. Paulo Hurus 1495. Pet. in-fol. goth., 2 col.

2. Barcelona. Johan Rosenbach. 1515. Signalé par Furste-

3. Diaz (Manuel). « Libro de *Albeyteria* emendado y corrègido : y anadidas en el sessenta y nueve preguntas. Toledo 1511 in-4" goth. 96 ff. de texte et 6 de table. (Huzard n° 3735). C'est une traduction en castillan faite par Martinez Dempiez.

4. Diaz (Manuel). Tractat fet per lo magnifich mossen Manuel Diaz, lequal tractat es profetos e mult necessari per: qualsenol cavaller ho gentil home ho p. qualsenol altra persona que te cavall do mula ho qualsenol altro animal de cella.

Barcelona. D. Bellestor y ivian giglo. 10 del mes d' juny d' l'any mil d. xxiii. In-4° goth. 119 ff.

Le prologue nous apprend que cette rédaction est une traduction de l'espagnol en langue limousine (Brunet).

5. Libro de Albeyteria es a saber de los cavallos y de las mulas. Burgos per Juan de Junta. 1530 in-4°.

6. Libro de Zaragoza. Diego Hernandez. 1545.

27°. — GUILLAUME DE VILLIERS.

Guillaume de Villiers ou Boscage, prétendant de Gonneville, nous est totalement inconnu. Nous savons seulement qu'il écrivit, en 1456, un traité vétérinaire en 158 chapitres.

« J'ay assemblé en cest livre tout ce qui peult apartenir au gouvernement
« du cheval. Lequel livre a esté extraict de plusieurs autres livres dont le
« premier a été exposé et ordonné selon Ypocras. Le second livre est selon
« l'intencion de maistre Jourdain Ruf, chevallier et maistre de la mareschauce
« de l'ampereur Fedric. Les autres livres sont selon les intencion de
« plussours maistres ».

Bien que Guillaume de Villiers ait, ainsi qu'il vient de le dire dans la préface de son livre, emprunté beaucoup à ses devanciers, notamment à Ruffus, il a fait à ses emprunts de nombreuses additions. Son œuvre est en effet bien supérieure aux œuvres hippiatriques parues à cette époque.

Manuscrits :

1. « Traité d'hippiatrique fait et accompli par Guillaume de Villiers ou Boscage, prétendant de Gonneville, l'an 1456, le 11 août. A la suite ont été ajoutées quelques recettes. Livre « expose et ordonne selon ypocras » et « selon l'intencion de « maistre Jourdain Ruf, chevallier et maistre gouverneur de la marechaucee de « l'ampereur Fedric ».
(Bibl. nation., Fonds français (Petau, Mazarin, anc. 7454.) N° 1287.)

2. « Traicté de chevaux. Lequel livre a esté extraict de plusieurs aultres livres dont le premier a este compose et ordonne seloncq ypocras. Le second livre est selonch l'intention de maistre Jourdain Ruf et maistre gouverneur de la mareschaucce de l'empereur Frederic. Les autres livres selonch les intencions de plusieurs maistres ».
On lit à la fin de ce volume « cy finist ce livre fait et accomply par Josquin van « Cueren clerico trajectens, dyoces, anno 1465 ».
(D'après diverses signatures sur le premier feuillet, ce manuscrit aurait appartenu, en 1582, à Philippe de Donghelberghe, grand écuyer de Brabant ; puis à

Jehan de Blasee, conseiller du roy catholique, et, enfin, en 1715, à Alexandre Ema de Croy.)

Manus. in-fol. papier, relié en veau, écriture cursive, xvᵉ siècle, 78 ff. rubriques en lettres rouges, initiales tantôt rouges, tantôt bleues. Traité divisé en 6 parties, formant 153 chapitres. (Bibl. de Valenciennes. N° 324.) (I. 2.14.)

Nous n'avons pu consulter ce manuscrit. Mais, bien qu'il ne soit pas attribué à Guillaume de Villiers, l'en-tête, la date de son apparition, la même division en chapitres, tout nous permet de supposer que c'est une copie du livre d'hippiatrie de Guillaume de Villiers.

28° — MANUSCRITS ANONYMES DU XVᵉ SIÈCLE.

A. *Latin.*   1.

« Præscriptiones medicæ equis curandis. » fol. 59-64. Manus. xvᵉ siècle. Latin (Bibl. Saint-Marc de Venise. A. 237, I. 158. (L. vii xxxviii.)

2.

« Liber Marescalchiæ. » Incomplet. fol. 219-234. xvᵉ siècle. Latin. (Bibl. Palatine de Vienne. (Vindobonæ.) (Med. 77.) N° 5315.)

3.

« Liber de cura equorum. » fol. 209-218. Man. Latin, xvᵉ siècle. (Bibl. Palatine de Vienne. (Med. 77.) N° 5315.)

4.

« Incipit libellus de regimine equorum et de eorum infirmitatibus curandis. » Manus. Latin, xvᵉ siècle. fol. 10 à 96. (Bibl. Palatine de Vienne. (Salisb. 397.) N° 5219².)

5.

« Collectanæ de medica et veterinaria germanica. » xvᵉ siècle, fol. 1 à 11. (Bibl. Palatine de Vienne. (Suppl. 706.) N° 13106.)

6.

« Instructiones germanicæ ad equos infirmos et ægrotantes curandos. » Manus. incomplet. xvᵉ siècle. (Bibl. Palatine de Vienne. (Suppl. 1708.) N° 15101.)

7.

« Medicinæ variæ inter quos quædam pro equis. » fol. 2 à 8. Manus. in-4. xvᵉ siècle. 305 ff. (Bibl. Bodleianae. N° 29.)

8.

« Fragment d'hippiatrique en latin. » (Bibl. Nat. Paris. Nouv. acq. latine N° 1630.) (Fonds Libri. 85, art. 3, 9¹.)

9.

« Delineationes frenorum equestrium et alia ad equorum cura pertinentur. » (Bibl. reginæ sueciæ in Vaticana.) (Montfaucon.)

10.

« Qui si commenzara remedj de cavalli. » fol. 2 à 21. Manus. Latin. xvᵉ siècle. (Bibl. Saint-Marc de Venise. A. 204. I. 146.) (L. vii. xxix.)

4

B. *Italien*.   1.

« Trattato di Mascalcia ». (Bibl. de Chartres (489). N° 1.

2.

« Raccolta di recette medichi, fol. 15 à 20. — Trattato di mascalcia », fol. 159 à 179. (Bibl. Montpellier (500 albani 950). N° 48.)

3.

« Trattato di Mascalcia. xv° siècle ». (Bibl. de Carpentras (321). N° 20).

4.

« Delle medicine de falconi et de remedii de cavalli. Aux armes de Naples et d'Aragon. » (Bibl. Nat.. Paris. Fonds italien (ancien 8102). N° 939).

5.

« Ricette varie per mallattie di cavalli », fol. 41 à 58. Manus papier, xv° siècle. Bien écrit. (Bibl. Nationale. Fonds italien. (anc. 7738). N° 457.)

6.

« L'arte della mascalcia ». Manus. xv° siècle. 71 ff. (Bibl. universitaire de Pavie. Fonds Aldini. 85.

7.

Manuscrit du xv° siècle, conservé dans la bibl. « Magliabecchianà de Florence, n° 12. Auteur de la collection inconnu. On y voit figurer plusieurs auteurs. Maestro Samuele d'Egitto. — Isachar Cauldeo (Caldeo). — Alexandro Persiano. — Manuel. — Messer Ihosef de Sirici. — Giordano Rosso de Calabria. — Cristofano albanese (Ercolani .

8.

Secreti e remedi diversi nella medicina. (Bibl. Nat., Paris. Fonds italien (anc. 7735). N° 937.)

C. *Catalan et Espagnol*.   1.

« Libro de Menescalcia ». Manus. in-4° en catalan. xv° siècle, 49 p. Parchemin. Lettres gothiques. (Bibl. Nat. Fonds espagnol. N° 7913³.

2.

« Malaltias dels cavalls e per guarirlos de totas malaltias que es devenen. Traduit du castillan par ordre de Frederic, hijo de Ferdinand, roi de Castille et de Léon. (Biblioteca hispana nova par N. Antonia. Memorias para ayudar à formar un Diccionaria de escrittores catalanes por: Torres Amat. »)

3.

« La cirurgia dels cavals », fol. 93 à 109. xv° siècle. (Bibl. Nat., Paris. Fonds espagnol (ancien 7249 . N° 212.

4.

« De re rustica ». en catalan. 3 parties. Papier. 130 ff. xvi° siècle. (Classement de 1860, n° 291, ancien fonds 8088). (Bibl. Nat. Fonds espagnol. N° 291.)

5.

« Libro de menescallia y malattias de cavallos. (Bibl. de la ville de Perpignan. Hœnel.

D. *Allemand.*

1.

« Ex arte veterinaria, Erczney ze rossen », fol. 105 à 106. Manus. allemand. xve siècle, in-8°. (Bibl. Palatine de Vienne (Lunael 0.191). N° 3011[14].)

2.

« Liber de cura equorum », fol. 115 : « Formulæ medicinæ contra morbos equorum », fol. 134. Manus. all. xve siècle. (Bibl. palatine de Vienne. Med. 123. N° 2977).

3.

« Medicamente zur Heilung der Krankheiten und gebrechen von Pferden » (suivi de 44 opuscules médicaux). Manus. xve siècle. 110 ff. papier. N° 912. Helmst. (Bibl. zu. Wolfenbuttel (Heineman.)

4.

« Rossarzneibuch ». Manus. xve siècle. Papier (à la suite de divers traités), fol. 180 à 226. (Bibl. Heidelberg. N° 107.)

5.

« Rossarzneibuch ». Manus. xve siècle, fol. 1 à 56. Page 56, autre traité vétérinaire. (Bibl. d'Heidelberg. N° 113.)

6.

Manuscrit xve siècle. 57 ff. Page 46, traité vétérinaire « wer Ross Artznye erkennen allebrant des Kaisers Frankreichs und marsteller von Constantinopel ». (Bibl. Heidelberg. n° 263).

7.

Divers manuscrits vétérinaires. (Bibl. d'Heidelberg. N°s 116, 126, 271, 274, 286, 395).

E. *Français.*

Traité d'hippiatrique. Papier xve siècle. (Bibl. Nat. Fonds français. anc. 7919[5], Colbert 4699). N° 2002).

Ce manuscrit commence par ces mots : « Le cheval est moult nécessaire à tous chevalliers et gentilz hommes, et aussi à hommes d'Estat, » et finissant par : « puis garisses la playe, ainsy comme dessus est dit des aultres playes. Explicit Deo gracias ».

Et plus bas : « Maistre Salfe, maréchal de Bar et de Lorraine.

Paraît être une traduction d'un ouvrage castillan ou espagnol. On croit que c'est le traité d'hippiatrique de Manuel Diaz (Delisle. mss. fr. de la Bibl. Nat.).

II. — Traités d'agronomie et d'économie rurale.

1°. — CRESCENZI (PIETRO DI).

Pietro di Crescenzi, Petrus de Crescenzius, Pierre de Crescens, né à Bologne, en 1240, d'une des plus antiques familles de Bologne, fut tour à tour philosophe, légiste et médecin. A la demande de Charles II d'Anjou, roi de Sicile, il écrivit, vers la fin de sa vie, un traité d'agronomie qui a joui d'une réputation considérable. Pour juger de l'importance et de l'influence de cette œuvre, il suffit de voir avec quelle rapidité les éditions se succédèrent et se répandirent, non seulement en Italie, mais en Europe. Heusinger cite 10 éditions de l'original latin, 14 de la traduction italienne, 5 de la traduction française, 3 des versions allemandes et anglaises. Pietro di Crescenzi fut le restaurateur de l'agronomie en Italie. Son traité « De opus ruralium commodorum », en 12 livres, est une sorte d'encyclopédie rurale dans laquelle il a résumé toutes les connaissances de ses devanciers.

Tous ses biographes, Ducange, Eichbaum, Ercolani, Heusinger, s'accordent pour le traiter de plagiaire. Seul, le célèbre agriculteur Filippo Re, dans une étude, lue à l'Université de Bologne, ose le défendre de cette accusation. Cependant il suffit de comparer le livre de Ruffus avec le chapitre correspondant du traité agronomique de Crescens pour reconnaître le bien fondé de ses accusateurs.

Le « De ruralium commodorum » comprend 12 livres, dont le 9e a trait aux maladies des animaux. La partie relative au cheval est tirée du livre de Jordanus Ruffus, bien que quelques-uns prétendent que Crescens n'a pu en prendre connaissance. Cependant une concordance aussi parfaite entre les deux ouvrages, bien que n'étant pas classés dans le même ordre, ne peut s'expliquer que par un plagiat raisonné ou par une compilation puisée à la même source.

Ce chapitre 9 comprend 106 chapitres, dont 60 ne sont que la reproduction textuelle de Ruffus. Les 46 autres, qui traitent de l'élevage et des maladies des bovidés, des ovidés, des suidés, des abeilles, etc., etc., ne sont qu'une reproduction des œuvres de Caton, Varron et Columelle. Le livre 10 (29 chapitres) est relatif à la chasse et à la pêche. Les chapitres 6 et 12 donnent quelques brèves indications sur les maladies des oiseaux.

En somme, l'économie rurale de Crescenzi a une grande importance, en ce sens qu'elle a été la première en ce genre parue en Italie depuis les agronomes latins.

Manuscrits latins :

1. « Liber ruralium commodorum a Petro de Crescenciis, civi Bononiensis compilatus. » Manuscrit du xive siècle. Parchemin. 139 ff. (Manuscrit de la Bibliothèque de Chartres. N° 404.)

2. « Petrus de Crescentiis. Liber ruralium commodorum. »

xve siècle. Parchemin. (Bibl. Nation., Paris. Fonds latin. N° 16173.							
xve	—	—	—	—	—	—	— 12998.
xive	—	—	—	—	—	—	— 14730.
xve	—	—	—	—	— Nouv. acq.	—	287.

3. « Petri Crescentii, de ruralium commodorum libri duodecim. » Manuscrit du xve siècle (1458). (Bibl. Saint-Marc de Venise, a 310, l. 210 (l. vi-ccxxxvi, Z).

4. « Petrus de Crescentiis, ruralium commodorum. » xve siècle. 264 ff. (Bibl. Palatine de Vienne (Vindobonæ), n° 5416. (Rec. 3609.)

5. « Crescentiis (Petri di). Liber Ruralium commodorum. » Manuscrit in-fol. 98 ff. Vélin. xive siècle. (Bibl. de Carpentras. N° 310.)

6. « Petrus de Crescentiis. Liber ruralium commodorum. » (Bibl. univers. Rheno trajectinæ (trajectin ad Rhenum). »

N° 712. (Eccl. 344. Ant. 2871). In-fol. 149 pages à 2 col. xive siècle.
— 713. (— 187. — 296b). — 199 — — xv° —
— 714. (— 340. — 296). — 163 — — xv° —

Manuscrits français :

1. Livre appelé « Rustican du champ de labeur », par Pieruz de Crescens..., bourgeiz de Boulongne.... Traduction du latin, précédée d'un prologue du traducteur et d'une lettre à Frère Émery de Plaisance, général des Frères Prescheurs. Papier lettres ornées. xvie siècle. (Bibl. Nat. (Ancien 7473ª — Bigot, 137.) Fonds français. N° 1316.)

2. Le livre nommé « Rustican », lequel parle du labeur du champ, lequel fit translater Charles Quint, roy de France, par Pierre de Croissan, bourgeois de Bologne. In-fol. à 2 col. Vélin. Vignettes. xive siècle. (Supp. fr. 1546. (Bibl. Nat. Fonds français. N°⁑ 12330 et 19084.)

3. Ci commence le livre des « Prouffitz champestres et ruraulx », lequel compila Pierre de Crescens.... Parchemin. 305 ff. xv° siècle. Initiales en or et couleur. Titres rouges. Encadrement aux pages qui contiennent des miniatures. Reliure en maroquin citron, aux armes et chiffre du maréchal d'Estrées ; coins en cuivre, tranches dorées. (Manuscrit de la Bibliothèque de l'Arsenal, Paris. N° 5064. (119. S A F.)

4. Le livre des « Ruraulx prouffiz ... de Crescens. » Manuscrit 15. Papier. 289 et 293 ff. (Bibl. Mazarine, Paris. N° 3588 (1280). Vélin. — 3589-3590 (1280ᴬ-1280ᴮ.)

5. Pietro Crescenzi. « Traité d'économie rurale ». Au fol. I se trouve une miniature représentant l'auteur offrant son livre à Charles V. Manuscrit du xv° siècle. Parchemin. 312 ff. à 2 col. (Manuscrit de la Bibliothèque de Rouen (ancien n° I-29). N° 976 (I¹.)

6. Le livre des « Ruraulx prouffiz », de Pierre de Crescens.... Manuscrit du xve siècle. Fol. 315 ff. (Bibl. de Carpentras, n°⁑ 311-310.)

7. Ci commence le livre des « Ruraulx prouflits du labour des champs », lequel fut compilé en latin par Pierre de Crescens. In-fol. maroquin vert. Papier. Manuscrit revêtu de la signature et des armes de Jean Budé. (Catal. de Huzard). N° 676.)

8. Traité de Pierre de Crescens, terminé ainsi : « Cy fine le livre de Rustican des proufiz ruraulx, compilé par maistre Pierre de Croissans, bourgoys de Bouloingne la Grasse. » Manuscrit du xve siècle. 203 ff. (Manuscrit de la Bibliothèque Palatine de Vienne, n° 2580 (Eug., f. 62.)

Imprimés :

1. *Editions latines.*

1471. « Petri de Crescentiis, civis de Bononiensis, opus ruralium commodorum. Libri xx. Augsbourg. 1471. in-fol. goth. Per Joh. Schuszler civem Augustensem impressi. » (Edition princeps.)

1474. « In alma universitate Louaniensi. (Louvain.) Joannes de Westfalia. » in-fol. goth.

1480. « Vicence. »

1486. « Argentine, » in-fol. goth.

1538. « Basileæ, ex œdibus Henrici Petri, » in-4.

1548. « — per Henricum Petri, » in-fol. (Huzard.)

2. *Traductions italiennes.*

1478. « Florence. Nicholas, » in-fol. goth.

1481. «   —   Vrastilivensis. »

1490. « Vicence. Leonardo di Basilea, » in-fol.

1504. « Venezia.   —   » —

1511. « Venetiis, » in-4.

1519.   —   —

1534. « In Venegia per Gulielmo da Fontaneto de Monferra, » 153 p. in-8 .

1538. « In Venegio, per Bernardino de Viano de Lescana, » in-4.

1542. «   —   Bindoni, » in-4.

1561. «   —   Sansovino, » in-4.

1564. «   —   Rampazetto, » pet. in-8.

1605. « In Firenze, per Giunti, » in-4.

1784. « In Bologna, nell instituto delle scienze, » 2 vol. in-4.

1784. « Naples. » 2 vol. in-4.

1805. « Milano. Societa tipografia de classica italiani, » 3 vol. in-8.

3. *Traductions allemandes.*

Petrus de Crescenciis das Buch von Pflantzung der acker Baum und aller Kruser. Nuw getruck und geendent uff den abent Bartholomey. 1512, in-fol. (Huzard.)

4. *Traductions françaises.*

1486. « Le livre des prouffitz champestres et ruraulx, touchant le labour des champs, vignes et jardins, composé par maistre Pierre de Crescens, et translaté depuis en langage françois, à la requête de Charles V roi de France, en 1373. » (Edition faite sur le manuscrit original.) « Paris. Anth. Verard, » in-fol. goth.

1486. « Paris. Jehan Bonhomme, » in-fol. goth.

1497. « Paris. Jacques Huguetin, »   —

1516. « Paris. Jehan Petit et Michel le Noir, » in-fol. goth.

1521. « Paris. Veufve de feu Michel le Noir, »   —

1529. « Paris. Philippe le Noir, »   —

1530. « Lyon. Claude Nourry, dict le Prince, »   —

1530. « Paris. Philippe le Noir, »   —

1533. » Paris. Nicolas Cousteau, »   —

1539. « Lyon. Pierre de Saincte-Lucie, dict le Prince, » in-fol. goth.

1540. « Paris Charles Langellier, imprimé par Estienne Cavellier, » in-fol. goth.

1540. « Paris. Denys Jonot. » in-fol. goth.

2°. — Traité d'économie rurale composé en Angleterre au XIII° siècle.

Au XIII° siècle, l'agriculture était arrivée, en Angleterre, à un degré de perfectionnement que nous ne devions pas atteindre de si tôt. Nous en avons la preuve dans ce traité agricole écrit en vieux langage français. Par contre, nous y trouvons peu d'indications relatives à la vétérinaire proprement dite. Cet ouvrage fort court du reste, a été imprimé dans la Bibliothèque de l'École des chartes, T. 2.

3°. — Jehan de Brie.

Jehan de Brie naquit vers 1349 à Villiers-sur-Rongnon « en la chastellenie de Coulommiers en Brie ». Il se nommait simplement Jehan. Ce n'est que plus tard que fut ajoutée à son nom la province où il était né. Ses parents étaient probablement des rustiques, des paysans, car pendant sa jeunesse il fut occupé à la garde des divers animaux de la ferme. A onze ans, par suite d'infirmités accidentelles (il avait été blessé grièvement par un cheval et plus tard pas une vache en furie), la garde des moutons lui fut confiée. C'est là, que par expérience, il apprit à connaître « la science et la manière de nour-« rir, garder et gouverner bestes à laine ..... et que par ses fais louables « et bonnes œuvres la bonne renommée de sa science, sens, discrétion en « ceste doctrine, accroissoit de jour en jour au pays de Brie et es lieux « environ ». Il ne conserva pas longtemps cette charge et deux ans après, nous le trouvons installé comme intendant à l'hôtel de Mény, qui apparte-nait à Mathieu de Ponmolain. Dans sa nouvelle position, il continua à se perfectionner dans « l'art de bergerie ».

Plus tard il vint à Paris et se rendit « digne de lire en la rue au Feurre » (rue de Fouare, où se trouvaient les grandes écoles). Il était à la solde de Jehan de Hetomesnil, conseiller du roi, quand il fut chargé par Charles V d'écrire « ce traité de l'estat, science et pratique de l'art de bergerie » en l'an 1379. On n'a pu retrouver l'ouvrage primitif qui fut présenté au roi. Tous les manuscrits, toutes les éditions connues ne sont que l'abrégé du traité de Jehan,

Henri Martin, dans son Histoire de France, dit que ce petit traité, écrit par ordre du roi, à l'usage du peuple, est une des pensées qui font le plus d'honneur à Charles V ; « c'est déjà l'esprit de Sully et d'Olivier de Serres ». C'est peut-être pousser un peu trop loin les louanges pour un ouvrage qui n'a pas grande valeur. Son seul mérite est d'être à cette époque le seul traité connu sur l'élevage du mouton ; Glanvil, Crescens, n'en parlant qu'inci-demment. Il nous paraît cependant supérieur à celui de Columelle dont Jehan de Brie n'a pas dû avoir connaissance, puisqu'il nous dit que ce livre qu'il a composé « n'est que le fruit, le résultat de l'expérience, de la pratique de plusieurs années ».

Les conseils qu'il donne aux bergers sont excellents, mais les indications relatives aux maladies sont pur enfantillage. Il décrit sous des noms impos-sibles douze maladies environ, parmi lesquelles nous avons grand'peine à reconnaître la clavelée, la gale, le noir museau, la cachexie aqueuse, le tournis, le météorisme. C'est à peine si quelques lignes, à peu près inintelligibles, sont consacrées à l'énumération des principaux symptômes ; le traitement dépasse tout ce qu'on peut imaginer. L'étiologie est plus que simplifiée. En principe, il fait dériver toutes les maladies de l'ingestion de mauvaises plantes « males herbes ».

Éditions.

1. « Cy finist la vie du bon bergier Jehan de Brie, nouvellement imprimée à Paris pour la veufve de feu Jehan Trepperel et Jehannot. (Sans date, probablement vers 1530). Petit in-8", goth., 52 ff. »

2. « Le vray régime et gouvernement des Bergers et Bergères », composé par le rustique Jehan de Brie, le bon berger, en 1542. Paris, de l'imprimerie de Denys Jonot ; in-16°, goth., 72 ff., grav. en bois.
On ne connaît que deux exemplaires de cette rare édition, dont un se trouve à la Bibliothèque de l'Arsenal de Paris.

3. « Traité de l'estat, science et pratique de l'art de Bergerie et de garder ouailles et bestes à laine, par Jehan de Brie, dit le bon Berger ». Paris, Simon Vostre. (Sans date, probablement de 1522.)

4. « Le vray régime et gouvernement des bergers et bergères. » Louvain, Jehan Bogart, 1594, petit in-8°, goth.

5. « Le Bon Berger ou le vray régime et gouvernement des bergers et bergères, composé par le rustique Jehan de Brie, le bon berger ». Paris, Lisieux, 1879.

III. — Traités de philosophie, d'histoire naturelle et d'économie domestique.

1°. — ALBERT LE GRAND.

Albert le Grand, né à Lauingen, en Souabe (Bavière), en 1193 ou 1205, entra de bonne heure dans l'ordre des dominicains (1221), où il fut élevé à la dignité de provincial, en 1254, puis évêque de Ratisbonne en 1260. Il mourut à Cologne en 1280. Il professa la philosophie, non seulement à Cologne, à Ratisbonne, à Strasbourg, à Hildesheim, mais encore à Paris, dont les Écoles jouissaient à cette époque d'une renommée considérable en Europe. Il y séjourna trois ans, de 1245 à 1248, et y commenta Aristote.

Albert le Grand a fait preuve d'une somme de connaissances étonnante pour son siècle. Il a laissé, en effet, plus d'écrits qu'aucun des philosophes qui l'ont précédé. A l'exemple d'Aristote, tout lui était familier. Tout en le commentant, il a ajouté à ses commentaires des remarques fort judicieuses, enrichies des connaissances de ses prédécesseurs et des siennes propres.

C'était non seulement le plus grand génie, mais encore le plus grand philosophe et le plus savant naturaliste du moyen âge. Malheureusement, d'infâmes productions apocryphes, encore répandues dans les campagnes, sous le nom de « secrets admirables du grand et du petit Albert » n'ont pas peu contribué à transformer ce grand homme en vil sorcier. Ces rapsodies ne sont pas de lui, et on n'a pas de peine à s'en assurer en parcourant ses œuvres qui sont empreintes d'un cachet d'érudition qu'on ne saurait méconnaître. Elles sont considérables, car, dans l'édition de 1661, elles ne comprennent pas moins de 21 vol. in-folio.

Laissant de côté ses œuvres morales, physiques et philosophiques, nous ne nous occuperons ici que de son histoire des animaux « *opus de animalibus* », dont l'édition princeps parut en latin en 1478. Cette histoire, qui forme le tome VI de la collection Jammi, comprend 26 livres, en grande partie empruntés à Aristote. De ces 26 livres, qui traitent de la zoologie en général et de l'anatomie comparée, 3 seulement offrent pour nous de l'intérêt. Ce sont les livres 7, 22 et 23.

Le livre 7, traité 2, chapitre 2 « *De infirmitatibus et profectibus quadrupedum animalium* » a été, pour ainsi dire, calqué sur les livres d'Aristote relatifs aux maladies des animaux domestiques.

Le livre 22, traité 2 » *De quadrupedibus* » est de tous le plus intéressant, car il comprend l'étude des maladies des animaux domestiques, notamment celles du cheval ; celles des autres animaux n'étant qu'ébauchées. Environ 25 maladies du cheval y sont énumérées.

Le livre 23 contient l'énumération des soins à donner aux oiseaux de chasse, à l'état de santé et de maladie. Ces observations, ainsi que l'auteur l'indique lui-même, sont tirées des travaux de Guillelmus, Aquila, Symmachus, Théodotion et de l'empereur Frédéric.

Mais si les maladies du cheval, bien que peu nombreuses, sont suffisamment détaillées et écrites dans un style supérieur, qu'on ne retrouve chez aucun de ceux qui ont écrit après lui, il n'en est pas de même du traité de fauconnerie. Là sont énumérées sans ordre, sans description de symptômes, les maladies propres aux oiseaux. Ce n'est pour ainsi dire qu'une simple énumération des maladies, suivie d'une brève description de traitements, pour la plupart insignifiants et fantaisistes.

A quelles sources Albert le Grand a-t-il puisé pour composer son traité de pathologie animale? Buhle croit qu'Albert le Grand s'est servi d'ouvrages disparus depuis lui. Mais Ch. Jourdain a démontré qu'il n'en était rien et qu'il n'y a, dans les ouvrages d'Albert « aucune observation de quelque « valeur, dont on ne trouve l'origine dans les écrits d'Aristote ».

Ce qui peut être vrai, pour la plus grande partie de l'histoire des animaux, ne l'est pas pour les chapitres relatifs aux maladies, dont la description n'offre aucune ressemblance avec celle des écrivains vétérinaires de l'antiquité.

Quelques biographes, entre autres Molin, pensent que le chapitre des maladies des animaux n'est pas d'Albert, sous le fallacieux prétexte que ce sujet n'était pas digne de lui. Ils croient que ce chapitre fut traduit en italien par un compilateur ou un maréchal et ajouté à l'œuvre de Ruffus en 1561. Mais ce n'est là qu'une hypothèse, une simple vue de l'esprit. Du reste, ce ce chapitre incriminé se trouve dans l'édition princeps de 1478, et rien ne prouve qu'il ne soit pas de la main d'Albert le Grand.

Bien que contemporain de Ruffus, Albert le Grand ne l'a certainement pas connu ; telle est l'opinion d'Heusinger et d'Ercolani. Quoique ayant traité des mêmes questions, leurs descriptions sont tellement dissemblables, qu'on a peine à croire que ces deux auteurs se soient simultanément copiés. Du reste, Albert le Grand aurait été antérieur à Ruffus qui n'aurait écrit un traité vétérinaire qu'après la mort de Frédéric et d'Albert.

Imprimés :

Les éditions des œuvres complètes d'Albert le Grand sont nombreuses. Nous ne citerons que les deux suivantes :

1. « Albertus Magnus Ratisbonensis episcopus opera omnia edita studio et labore P. Petri. Jammi. Lugduni. Claud. Prost. 1651, 21. vol. in-fol.

2. « Albertus Magnus, opera omnia ex editione Lugdunensi reliquiæ castigata... cura ac labore Augusti Borguet. Parisiis, apud Ludovicum Vivès. » In-4", 1890. (En cours de publication).

En dehors des œuvres complètes, plusieurs traités spéciaux ont été imprimés à part. Nous ne nous occuperons ici que du « De animalibus ».

1. « Albertus Magnus. Opus de animalibus (sive de rerum proprietatibus). Romæ per Simonem Nicolaum de Luca. » 1478, in-fol. Edition regardée comme princeps.

2. « Albertus Magnus. Opus de animalibus. Impressum Mantuæ per Paulum Joannis de Butschbach, sub anno Domini millesimo quadragentesimo septuagesimo nono. » Gr. in-fol. goth., 306 ff. à 2 col.

3. « Thierbuch Alb Magni, in Art, Natur und Eigenschafft der Thiere, als nehmlich von Vierfüssigen, Vögeln, Fyschen, Schlangen oder Kriechenden Thiere. » Francfurt-sur-Mein, 1545, in-fol. avec gravures sur bois. 5 ff. de prélim. et 167 ff. chiffrés. Mauvaise traduction des derniers cinq livres « De animalibus » Grœse.

4. « Traduction française, d'après le manuscrit du xve siècle, de la Bibliothèque nationale, fonds français, n" 2003, du Traité de fauconnerie d'Albert le Grand, imprimée par Martin Dairvault, à la suite du « livre du roi Dancus ». Paris. Jouaust. Cabinet de vénerie, 1883.

5. « De animalibus venetiis ». 1495. in-fol.

6. « De animalibus venetiis, Octavi Scoti ». 1519.

7. « Tractabus de falconibus, asturibus et accipitribus Augustæ Vindel. Joan Prætarii ». 1596, in-8"

Manuscrits :

Comme pour les imprimés, nous n'indiquerons ici que ceux qui traitent seulement du « De animalibus ».

1. « Alberti Magni « De animalibus », Libri xxvi. xive siècle. 238 ff. à 2 col. (Citeaux). » Manuscrits de la bibliothèque de Dijon, n" 360 (262).

2. A. « Albert-le-Grand, Liber « De animalibus ». Liv. i à iii. xve siècle. Papier 130 ff. à 2 col.

B. Livre iv à xiv. Table partielle des chapitres à la fin. « Explicit liber de animalibus Alberti, in quo continentur 10 libri, scriptus et finitus per Franciscum de Heinsberghe, in proviglia pasche anno Domini millesimo cccc° 65° » xve siècle. Papier 151 ff. (Prémontré) Manuscrits de la Bibliothèque de Soissons, n°s 41, 42.

3. « Albertus Magnus. Liber de falconibus ». Fol. 257, 272, xve siècle. Bibl. Palatine de Vienne. Vindobonæ, n° 5315 (Méd. 77).

4. « Albertus « De animalibus ». xive siècle. Bibl. Nationale, Paris. Fonds latin, n°s 16169 et 17156.

5. « Albert Magni; De animalibus ». xve siècle. Bibl. Nationale, Paris. Fonds latin, n°s 14176, 14727, 14728.

2°. — BARTHÉLEMY GLANVILL.

Barthélemy Glanvil' ou Glanville, « Bartholomœus anglicus », Barthélemy l'Anglais était un philosophe anglais, vivant vers 1350. Son travail « De proprietatibus rerum » est une sorte d'encyclopédie, en 19 livres, tirée en grande partie des travaux d'Aristote, de Platon, de Pline, d'Albert le Grand. C'est un véritable traité d'histoire naturelle, qui, malgré son état d'infériorité manifeste, a eu son heure, ainsi qu'en témoignent les nombreux manuscrits épars dans les diverses bibliothèques d'Europe.

Au point de vue zootechnique, le traité de Glanvill est intéressant à consulter, notamment au livre 18, de 114 chapitres. C'est également ce livre qu'il faut parcourir pour trouver des documents relatifs à la vétérinaire. Ces documents sont rares, et les maladies tirées en grande partie d'Aristote. Notons en passant quelques indications sommaires sur la rage du chien ; sur l'anatomie, la physiologie, la viande de certains animaux, etc., etc.

Manuscrits :

Aucun auteur n'eut autant les honneurs de la transcription. Les manuscrits connus sont encore plus nombreux que ceux de Crescens. Nous citerons seulement les principaux parmi ceux conservés dans les bibliothèques de France.

Manuscrits latins :

1. xive siècle. Parchemin. 316 ff. à 2 col. Bibl. Rouen. N° 989 (I. 45).

2.	— —	—	301 —	—	Bibl. Clermont-Ferrand. N° 172.
3.	— —	—	229 —	—	Bibl. Marseille. T. 15. N° 728 (B. 20. R. 185).
4.	— —	—	345 —	—	Bibl. Grand Séminaire d'Autun.
5.	— —	—	220 —	—	Bibl. de Troyes. In-4° fol. N° 979.
6.	— —	—	220 —	—	— — N° 470.
7.	— —	—	353 —	—	Bibl. Dijon. N° 358 (260).
8.	— —	—	208 —	—	Bibl. Mazarine, Paris. N° 3578 (513).
9.	— —	—	270 —	—	Bibl. Ste-Geneviève, Paris. N° 1024 (S.I. in-fol. I).
10. xv^e	—	—	283 —	—	Bibl. Dijon. N° 357 (259).
11.	— —	—	212 —	—	Bibl. Mazarine, Paris. N° 3577 (1272).
12.	— —	—	167 —	—	— N° 3579 (1275).

Manuscrits français :

1. XIVe siècle. Vélin. Miniatures. Bibl. Nat., Paris. Fonds français. N° 9141.
2. XVe — — — — — N° 9140.
3. — — — — — — N° 216 (anc. 6869).
4. — — Papier — — — N° 221 (anc. 6875).
5. — — — — — — N° 1115 (anc. 7366⁵. Colbert 934).
6. — — Vélin — — — N° 134 (anc. 6802).
7. — — — — — — N°ˢ 135, 136 (anc. 6802².³).
8. — — — — — — S. g. fr. 124 (1699³).
9. — — — — — — N° 217 (anc. 6869². Colbert 230).
10. — — — — — — N° 218 (anc. 6870).
11. — — — — — — N° 219, 220 (anc. 6871, 6872).
12. — — — — — — N° 22531 (Gaig. 12).
13. — — — — — — N° 22532 (Gaig. 12 *bis*).
14. — — — — — — N° 22533 (La Vall. 9).
15. — — — — — — N° 22534 (Nav. 13).
16. — — — — — — N° 5939 (10385³.³. A. Colbert).
17. XIVe — — — — — N° 12332 (Supp. fr. 2445).
18. XVe — — — — — N° 19091 (S. g. fr. 1630).
19. — — — — Bibl. Arsenal, Paris. N° 2886.
20. — — Parchemin. 285 ff. Bibl. Mazarine, Paris. N° 3580 (1273).
21. — — — 451 ff. Bibl. Ste-Geneviève, Paris. N°ˢ 1024, 1027 (s. f. in fol. 2).
22. — — — 419 — N° 1028 (S. f. in fol. 3).

Les manuscrits français du « liber de proprietatibus rerum ». Le livre des propriétés des choses, ont été traduits par Jehan Corbichon.

23. Version en langue provençale du « De proprietatibus rerum », probablement faite par Gaston Phœbus. Manus. XIVe siècle. Parchemin. (Bibl. Ste-Geneviève. Paris. N° 1029 s. f. in-fol. 4).

On compte encore de nombreux manuscrits dans diverses bibliothèques d'Europe (celle de Montpellier en compte plus d'une vingtaine).

Imprimés :

1. Le livre « De proprietatibus rerum » traduit et imprimé en français par Jehan Corbichon, de l'ordre Saint-Augustin, par ordre du roy de France Charles le Quint, 1472.

2. Réimprimé en 1482, sous le titre de : « Le grant propriétaire qui traite de toutes les propriétés des choses naturelles ». Lyon. 1482. in-fol.

3. Nouvelle réimpression « des propriétés des choses ». Francofurti. 1609.

3°. — LE MÉNAGIER DE PARIS.

Le *Ménagier de Paris* est un traité de moral et d'économie domestique, composé en 1393, par un bourgeois parisien resté inconnu ; il a été imprimé pour la première fois en 1846, par la Société des Bibliophiles français (Paris, Crapelet, 2 vol. in-8°).

Bien que ce livre soit « une source des plus précieux renseignements sur « la vie intime au xiiie et xive siècles », il présente pour nous peu d'intérêt.

L'article 3 de la deuxième distinction renferme bien quelques notions sur les maladies des chevaux et des oiseaux de chasse, mais elles sont bien succinctes.

A citer toutefois les cinq pages relatives à l'achat des chevaux et aux précautions à prendre pour ne pas être trompé.

« Et gardez bien qu'il n'ait malandres…. molettes, ne suros; ne soit crapeux, ne ne s'entretaille, etc., etc. »

On trouve quelques brèves indications sur la « courbe, l'esparvain, la « fourme, la rongne, le javart, le poucis, etc., etc. »

Ces diverses maladies sont suivies de traitements aussi courts que fantaisistes et empreints de superstition.

Les « vives » le farcin, la morfondure, la rage, sont guéris par des patenôtres suivies d'incantations bizarres, abgla $+$ abgly $+$ alphara $+$ asy $+$ etc., etc.

Au n° 662 du catalogue de la bibliothèque d'Huzard, figure un manuscrit du *Mesnaigier de Paris*. Ce manuscrit est passé ensuite entre les mains de Jérôme Pichon.

IV. — Traités de vénerie et de fauconnerie.

1° — FRÉDÉRIC II.

Frédéric II, roi de Sicile et de Jérusalem, fils de Henri VI et de Constance, petit-fils de Barberousse, naquit le 26 décembre 1194 à Jési, dans la marche d'Ancône, et, mourut en 1250. Élevé dans le royaume de Naples, qu'Henri VI avait réuni à la couronne par son mariage avec Constance de Sicile, toutes ses préférences furent pour sa patrie d'adoption, bien que de souche allemande par son grand-père.

Les sciences et les arts lui furent redevables de grands progrès. Il favorisa la médecine, l'agriculture, l'industrie, jeta les bases de plusieurs universités italiennes et fit revenir de l'Orient un grand nombre de manuscrits.

On lui attribue, vers 1247, un traité de fauconnerie revisé et complété après sa mort, par son fils Mainfroi, au moyen des notes trouvées dans les papiers de son père. Ce traité fait le plus grand honneur à son auteur. Il contient en effet de curieux détails sur l'anatomie des oiseaux, sur leurs mœurs et leur mode d'élevage (*). Malheureusement les éditions qui en ont

---

(*) En parlant de l'ostéologie des oiseaux, il en signale une particularité dont on lui doit la découverte : la mobilité de leur mandibule supérieure sur le crâne.

(POUCHET).

été faites, sont fort incomplètes et ne contiennent qu'une partie de l'œuvre de Frédéric, soit les deux premiers livres. Le premier qui traite de l'anatomie des oiseaux comprend 57 chapitres. Le second, renfermant 80 chapitres, a trait à l'élevage des oiseaux employés pour la chasse. Il est probable que les chapitres suivants devaient donner des indications sur la pathologie aviaire.

Manuscrits :

I. — Manuscrit acheté par Jérôme Pichon, en 1837, à une vente de la librairie Molini de Florence. Manuscrit du xve siècle offrant quelque ressemblance avec celui de la Bibliothèque Mazarine Il contient cependant en plus :

1. Une table des chapitres et un préambule.

2. Quatre pages de recettes pour les maladies des chevaux.

3. Le traité de fauconnerie de l'Arabe Moamin, en 5 livres.

4. Un Traité de fauconnerie anonyme, traduit d'un auteur persan, peut-être Guillinus ou Guicenas cité par Tardif.

5. Une lettre adressée à l'empereur Théodose par le médecin Grisaphe, sur la manière de guérir les faucons. En tout 161 ff. petit in-fol. Jérôme Pichon dit que ce manuscrit fut exécuté par Astor II Manfredi, seigneur de Faenza.

II. — Manuscrit acquis vers 1798 par Leblond, qui en fit don à la Bibliothèque Mazarine. Petit in-4°, 589 pages, très correctement écrit sur vélin. xve siècle. Ce manuscrit contient 6 livres au lieu de 2, soit 2/3 en plus que l'imprimé de l'édition de Schneider.

III. — L'art de la chasse aux oiseaux, traduction du latin à la requête de Jehan, chevalier seigneur de Dampierre et de Saint-Dizier. (Le traducteur, qui l'appelle son douz signor, attribue l'ouvrage original à Auguste Frédéric II, empereur de Rome, roi de Jérusalem et de Sicile, qui semble l'avoir composé pour son très cher filz Manfroi.) Manuscrit de la fin du xiiie siècle. In-fol. de 186 ff., supérieurement écrits. Tous les chapitres commencent par une lettre ornée et les marges sont presque constamment chargées de très belles peintures d'oiseaux par « Simon d'Orliens, anlumineur d'or ». Ce manuscrit s'arrête à la fin du 2e livre. Il a figuré dans l'inventaire des joyaux des ducs de Bourgogne, dressé à Gand en 1485. (Bibl. Nat., Paris. Manuscrits. Fonds français. N° 12400 (Supp. fr. 4006.)

IV. « Livre de l'instruction des oiseaulx de proye, tant faucons, espriviers, laniers, autoirs et plusieurs autres. » Manuscrit de la fin du xve siècle, contenant seulement une traduction française du 2e livre de Frédéric. Il porte les signatures de P. de Luxembourg; de Marie de Luxembourg; de J. Aug. Thuani (de Thou). (Bibl. Nat., Paris. Manuscrits. Fonds français. N° 1296 (ancien 7458⁹). Fonds Colbert, 2177.)

V. Manuscrit français. Petit in-4", 589 pages. xve siècle. (Bibl. Mazarine.)

VI. « Liber de falconum cum quibus venantur ». Au folio 2, on lit : « Libri titulus talis est, liber divi Augusti Friderici, Romanorum imperatoris, Jerusalem et Sicilie regis. » Manuscrit. Papier. Fin du xve siècle. 40 ff. (Bibl. de Rennes). N° 227 (131.)

Imprimés :

1. « Frederici II, imperatoris, reliqua librorum de arte venandi cum avibus, cum Manfredi regis additionibus: ex membraneis vetustis nunc primum edita. — Albertus Magnus de falconibus, asturibus et accipitribus (edidit Velscrus).

« Augustæ Vindelicorum apud Joan. Prætorum. » 1596. Petit in-8". Augsbourg.

Cette édition ne donne qu'une partie du livre. Elle a été faite sur un manuscrit incomplet du xvie siècle que possédait un savant médecin nurembourgeois, Joachim II Cammer Meister, plus connu sous le nom de Camerarius. A la suite, on trouve le livre d'Albert le Grand sur les faucons, 23e livre, de son traité des animaux.

2. « Reliqua librorum Friderici II imperatoris de arte venandi cum avibus, cum Manfredi additionibus, accedunt Alberti Magni capita de falconibus, etc., quibus annotationes addidit mos. Jo. Gottlob. Schneider ad reliqua librorum Friderici II et Alberti Magni capita commentaria, cum auctorio emendationum ad Æliani de natura animalium libros ; auctor. Jo. Gottl. Schneider. Lipsiæ, impensis J. G. Mulleri hæredum. 1788-89. 2 vol., in-4.

Cette édition, dédiée à Fréderic-Guillaume II, roi de Prusse, n'est que la reproduction de l'édition de 1596. Le livre 2 est consacré aux notes de l'éditeur.

3. Edition allemande in-8 de J. Erh. Pacius, imprimée en 1756, à Onolzbach. On pense que cette traduction a été faite d'après l'édition de 1596.

4. Le travail de Frédéric II a été imprimé à la suite de la Fauconnerie de Tardif. (Venise, 1560. Bâle. 1578. in-8) ; et à la suite du traité d'Albert le Grand. Augsbourg, 1596. in-8.

2. — Démétrius Pépagomène.

Démétrius Pépagomène (Δημήτριος Πεπαγομενος) était médecin de Michel VIII Paléologue, empereur de Constantinople (1261 à 1281). On a de lui un petit traité sur la goutte. On lui doit aussi un travail sur la fauconnerie et sur les maladies des chiens. Ce dernier traité, écrit comme le premier en langue grecque, est attribué à Démétrius de Byzance ou de Constantinople ; ce qui permet de supposer que ces deux noms appartenaient à deux personnes différentes. Cependant, Freschi (T. 2, p. 228), Blumenbach et plusieurs autres n'en font qu'une seule et même personne. Les documents précis manquent pour nous permettre de formuler une opinion définitive. Dans la préface de son travail, Démétrius s'étonne de ce que les écrivains qui se sont occupés des maladies des chevaux, aient négligé la pathologie des oiseaux de chasse. Cette interprétation est erronée, puisque la plupart des auteurs de fauconnerie du moyen âge s'accordent à reconnaître les Arabes comme leurs maîtres en cette science. Le traité de Démétrius a une importance d'autant plus grande qu'il est le premier de ce genre en Europe. Il offre pour nous d'autant plus d'intérêt que cette œuvre traite non seulement de l'élevage des oiseaux de proie, mais encore des principales maladies qui sévissent sur ces volatiles. Une analyse ne donnerait qu'une idée fort imparfaite de ce travail, le point de départ en Europe de tous les autres similaires ; aussi renvoyons-nous pour plus de détails au chapitre relatif à la pathologie aviaire, où le traité de Démétrius sera analysé avec tout le soin qu'il comporte.

Manuscrits :

1. Demetrius Pepagomenus. « De re accipitraria et de canum cura ». (en grec.) Manuscrit grec du xviie siècle. (Bibl. de Brême. N° 64.) (b. 26.) (Omont.)

2. Orneosophium, de re accipitraria (p. 11). Orneosophium aliud (p. 51).

« Anonymi opusculum de canum cura » (p. 65). Ms. xvi° siècle. Pap. 269. fol. (Medic. Reg. 2136.) (Bibl. Nat. Fonds grec. N° 2246.)

3. Demetrii de cura et medicina accipitrum. Anonymi orneosophium lingua vulgari (p. 160). Anonymi tractatus de canum morbis et eorum curatione. Accedit versio latina Demetrii. Ms. xvi° siècle, copié par Christopho Auer. Pap. 276 p. (Fontebl. Reg. 3137.) (Bibl. Nat. Fonds grec. N° 2323.)

Imprimés :

1. Rei accipitrariæ scriptores nunc primum editi. Accessit « χυνοσοφίον » liber de cura canum, ex bibl. regia Medicea (grec et latin), edidit Nic. Rigaltius. Lutetiæ typis regiis excudebat. C. Morellius, 1612, trois tomes en un volume in-4°.

La première partie comprend les traités suivants en langue grecque :

1° Ιεραχοσοφιον Δημητριου Κωνσταντινοπολιτου περι της των ιεραχων ανοτροφης τε xx θεραπειας (pages 1 à 174).

2° Ορνεοσοφιον αγροιχοτερον (pages 175 à 255).

3° Κυνοσοφιον περι χυνων επιμελειας (pages 255 à 278).

La deuxime partie comprend la traduction latine de Gilles des traités ci-dessus, ainsi que des poésies de de Thou et autres sur la fauconnerie et la vénerie. On y trouve aussi une lettre en langue catalane de Symmachus et de Théodotion à Ptolémée, roi d'Égypte, sur des choses concernant la fauconnerie. La traduction de Gilles diffère quelque peu du texte grec tant par l'arrangement que par le nombre des chapitres. Ces chapitres sont au nombre de 187 dans le texe grec, alors que la traduction latine n'en comprend que 157.

2. ÆLIANUS. « De natura animalium ex recognitione Rudolphi Hercheri. » Accedunt rei accipitrariæ scriptores, Demetrii Pepagomeni cynosophium. Lipsiæ, Teubner, 1864-66, 2 vol. in-8.

3. Enfin signalons une étude sur Demetrius Hierakosophion par Röhl (Hermann), pages 223 à 473 (Hirch. in Jahrbl. f. class. Philol., 117 vol., 1878, p. 588.)

3°. — PHÉMON.

Phémon, Phaemon ou Phoemon était un philosophe grec, de la fin du xiii° siècle, que quelques-uns croient être l'auteur d'un traité sur les maladies des chiens. D'autres l'attribuent à Démétrius Pépagomenos. L'œuvre de Phémon est de peu d'importance et bien inférieure aux ouvrages grecs et latins de l'antiquité. Elle comprend cinquante chapitres dans lesquels on ne trouve que des notions succinctes et sans valeur sur la thérapeutique.

Éditions :

1. Kynosophion ac opusculum de cura et conservatione canum, græce et latine per Rud. a Moshaim, canis encomium. Vienne, 1535, in-8.

2. Phaemonis veteri philosophi, cynosophion, seu de cura canum liber, græce et latine, ante hunc diem usquam alibi excussus, interprete Andrea Aurifabro. χυνοσοφιον αριστον = Βιβλιον περι επιμελειας χυνων τοι φαιμονος φιλοσοφοι.
Vitenbergae apud Johannem Lufft. 1545 in-8°.
Aurifaber, médecin à Breslau, traduisit cet ouvrage en latin, d'après un manuscrit acéphale « χυνοσοφιον » rapporté du siège de Rhodes par un soldat qui le vendit à Jean Fresler, médecin à Dantzig.

3. Phæmonis seu potius Demetrii Pepagomeni liber de cura canum singularis e quatuor mss collatus, rectius versus et notis ac variis lectt... mactis a quatuor

viris, Rudberto a Moshaim, And. Aurifabro, Nic. Rigaltio atque Ant. Rivino. Lipsiæ 1654, petit in-4°. 4 ff. 36 pp.

4. Traduction latine de Gilles, à la suite de l'histoire des animaux d'Elien. Lyon, 1562 in-8"; dans les « rei scriptores accipitrariæ de Rigault. Johson l'a aussi réimprimé à la suite des poèmes sur la chasse de Némésien et de Gratius Faliscus. London, 1699.

5. Se trouve aussi imprimé dans : Petits poètes latins sur la chasse. Traduction en français par Latour. Paris, 1842. in-8"

4°. — DANCUS.

Les vieux auteurs de fauconnerie citent à tout propos le roi Danchus, Dancus, Dalcus ou Daulcus, comme ayant composé un traité de fauconnerie très estimé à cette époque « l'art de la fauconnerie et des chiens de chasse ». « Lequel livret, dit Guillaume Tardif, ay translaté en françois des livres en latin du roy Danchus, qui premier escrivit l'art de faulconnerie ». Jehan de Franchières paraît avoir eu connaissance de ce travail. Il croit que ce n'est pas l'œuvre exclusive de Dancus, mais le fruit d'une collaboration entre Dancus, roi d'Arménie, Martino ou Martin, son fauconnier, ancien fauconnier du roi Rogier de Hongrie, et, Atanacio, fils de Galatien, roi d'Egypte. Or, il est maintenant prouvé qu'il n'y a jamais eu de roi d'Arménie de ce nom, pas plus que de Galatien ou Atanacio comme roi d'Égypte, ni de roi Rogier ayant régné en Hongrie. Il est donc plus que probable que Dancus est un personnage purement fictif.

Martin Dairvault a fouillé les bibliothèques pour trouver un manuscrit du roi Dancus. Le manuscrit latin est resté introuvable. Mais il a eu la bonne fortune de découvrir à la Bibliothèque Nationale sous le n° 12581, fonds français, une traduction française, remontant au XIIIe siècle, 19 août 1284. Ce manuscrit sur vélin est le plus ancien traité de fauconnerie que nous possédions en langue française. C'est cette traduction que Martin Dairvault vient de publier sous le titre suivant :

« Le livre du roi Dancus. Texte français inédit dn XIIIe siècle, suivi d'un traité de fauconnerie, également inédit, d'Albert le Grand, par Martin Dairvault. Paris, Jouaust. Cabinet de vénerie, 1883 ».

Son intérêt repose plus sur son ancienneté que sur sa valeur, car ce n'est qu'une mauvaise énumération, le plus souvent incompréhensible, des maladies des oiseaux, suivies d'indications thérapeutiques bizarres.

Il existe un autre manuscrit de Dancus à la Bibliothèque de l'Arsenal.

« Daulcus ou Dalcus, Livre des oyseaulx de proye tant en l'art d'esperverie, aultrusserie que faulconnerie, manuscrit in-fol. vélin. Bibl. de l'Arsenal. N° 275 (cité par Lescullier) ».

Enfin, on cite une impression italienne de ce traité :

« Libro delle nature degli uccelli fatto per lo re Danchi, testo antio Toscano messo in luce de Francesco Zambrini. Bologna, pressa Gaetano Romagnoli.

Ce traité forme le 140e volume de : « scelta de curiosita litterarie inedite o rare secolo XIII a XIV ».

5

— 66 —

5°. — Le livre du roi Modus et de la reine Racio.

Le livre du roi Modus et de la reine Racio est le plus ancien des livres de vénerie en langue française. Il fut écrit au commencement du XIVe siècle, sous le règne de Charles IV. L'auteur est inconnu. Cependant M. Chassant, archiviste paléographe (*Bulletin du bouquiniste*. Paris, Aubry, 1869. N° 299-300), croit qu'il se nommait Henry de Ferrières.

Le livre du roi Modus comprend deux parties. La première traite de la chasse proprement dite; la seconde est un traité de fauconnerie, dans lequel se trouvent plusieurs préceptes relatifs à l'élevage et aux maladies des oiseaux de proie et des chiens de chasse; notions insignifiantes qui ne présentent pour nous qu'un intérêt purement historique.

Manuscrits :

Les manuscrits sont nombreux, preuve que cet ouvrage a été tenu en grande estime dans le courant des XIVe et XVe siècles. La Bibliothèque nationale de Paris en possède plusieurs exemplaires, la plupart sur vélin et ornés de miniatures.

 1. Bibl. nat., fonds français, XIVe siècle, (anc. 7459),   N° 1297.

 2. —   —   —   —   N° 12399.

 3. —   XVe — (anc. 7096², Baluze 98).   N°s 615, 616.

 4. —   XVe — (anc. 7459³, Colbert 2132). N° 1298.

 5. —   XVe — (anc. 7459³⁻³, Colbert 5126). N° 1299.

 6. Bibl. nat., fonds français, XVe — (anc. 7460).   N° 1300.

 7. —   XVe — (anc. 7461).   N° 1301.

 8. —   XVe — (anc. 7462).   N° 1302.

 9. —   XVe — (anc. 7463).   N° 1303.

10. —   XVe — (anc. 7096).   N° 614.

11. —   XVe — (S. g. f. 1210).   N° 19113.

12. —   XVe — (19113, Séguier. Voir Bibl. nat. N° 1379.

13. Bibl. de l'Arsenal. Paris. XVe siècle (272, S.A.F.). N° 3079.

14. —   —   XVe siècle (272, S.A.F.). N° 3080, suite du précédent. 53 figures peintes.

15. Papier. Écrit en 1380. 199 ff. Reliures aux armes d'Estes. Manuscrit français de Modène. N° 31 (xi. B 17).

16. Manuscrit du XVe siècle. In-fol. Vélin. 211 ff. à 2 colonnes. Sommaires rouges, initiales or et couleur. Reliure en veau portant comme titre : « Book of sports illuminated ». (Fonds de Thott. N° 415, in-fol). Manuscrits français de la Bibliothèque de Copenhague.

17. Le livre du roy Modus. « Comment le roy Modus montre à ses escoliers la science de fauconnerie ». Gr. in-4°. Manuscrit du XVe siècle. Vélin. Exemplaire provenant des cabinets de Girardot de Préfont et de Marc Carthy. (Huzard. N° 4855).

Imprimés :

Le livre du roy Modus et de la royne Racio qui parle du déduit de la chasse.

1. Chambery. Anthoine Neyret. 1486, in-fol. goth., fig. sur bois, 1re édition.
2. **Paris.** Jehan Trepperel.   —   in-4°   —   —   4 et 94 ff.
3. —   —   —   —   —   —   —   4 et 99 ff.
4. —   Jean Janot, vers 1521, petit in-4°   —   4 et 94 ff.
5. —   Philippe le Noir. 1526,   —   —   —   —   4 et 94 ff.
6. —   Gilles Corrozet. 1560,   — in-8°
7. —   Guill. le-Noir. 1560,   — —
8. —   Elzear Blaze. 1839, très gr. in-8°.

6°. — PHOEBUS.

Gaston III, comte de Foix, vicomte de Béarn, plus connu sous le nom de Phœbus, naquit en 1331 et mourut en 1390. Prince aventureux et brave, mais violent à l'excès, il fut le héros de plusieurs aventures dont nous n'avons nullement à parler ici. Sa passion favorite était la chasse. Il écrivit, en 1387, un traité de vénérie, « Des deduiz de la chasse des bestes sauvaiges et des oyseaulx de proye, » qu'il dédia à Philippe le Hardi, duc de Bourgogne. Ce traité est divisé en 85 chapitres, dans lesquels l'auteur a passé en revue les différentes espèces de gibier, les principales races de chiens. Le chapitre 16 seul traite des maladies des chiens. Tout ce livre est écrit avec l'autorité d'un maître et d'un observateur judicieux ; malheureusement, en ce qui nous concerne, nous ne pouvons que regretter que l'auteur ne se soit pas plus étendu sur la pathologie.

Manuscrits :

1. Bibl. nationale. Fonds français. xve siècle. (Anc. 7455). N° 1289.
2. —   —   —   xvie   —   (Anc. 7456). N° 1290.
3. —   —   —   xve   —   (Anc. 7457). N° 1291.
4. —   —   —   xvie   —   (Anc. 7457⁵. Colbert 1227). N° 1292.
5. —   —   —   xve   —   (Anc. 7458). N° 1293.
6. —   —   —   xve   —   (Anc. 7458²). N° 1294.
7. —   —   —   xvi^e   —   (Anc. 7458⁴. Colbert 588). N° 1295.
8. —   —   —   xiv et xv^e   —   (Anc. 7097). N° 616.
9. —   —   —   xv^e   —   (Anc. 7097). N° 617.
10. —   —   —   xv^e   —   (Anc. 7097²). N° 618.
11. —   —   —   xiv^e   —   (Anc. 7098). N° 619.
12. —   —   —   xve   —   (Anc. 7099). N°ˢ 620, 621, 622.
13. —   —   —   xvie   —   (Saint-Victor 327). N° 24271.
14. —   —   —   xvie   —   (Sorb. 376). N° 24272.
15. —   —   —   xvie   —   (Supp. franç. 4833). N° 12397.
16. —   —   —   xvie   —   (—   1076). N° 12398.
17. —   de l'Arsenal. xve siècle. (274. S.A.F.). N° 3252.
18. —   de Tours.   xve   —   (Marmoutier 211). N° 841.

Copie d'anciens auteurs sur la chasse avant 1400.

Copie du mss. de Phœbus (manusc. 616). xvie siècle. 415 ff. (Bibl. nat . coll Moreau. N° 1685.)

Imprimés :

1. Phebus. « Des deduiz de la chasse des bestes sauvages et des oyseaux de proye », imprimé par Anthoine Vérard vers 1507. Petit in-fol. goth., 134 ff., à 2 colonnes de 42 lignes. Première édition.

2. Id. Paris, Jehan Treperel. Petit in-fol. goth., 118 **ff.**

3. « Le miroyr de Phebus des deduitz de la chasse aux bestes saulvaiges et des oyseaulx de proye, avec l'art de fauconnerie et la cure des bestes et oyseaulx à cela propice ». Paris, Philippe Le Noir. Petit in-4° goth., 64 ff.

4. « La chasse de Gaston Phebus », comte de Foix, envoyée par lui à Philippe de France, duc de Bourgogne, collationnée sur un manuscrit ayant appartenu à Jean de Foix, avec des notes et la vie de Gaston Phœbus, par Lavallée. Paris, rue Vivienne, 37, 1854, in-8°.

5. La chasse de Gaston Phœbus a été plusieurs fois imprimée à la suite du Traité de Vénerie de Jacques du Fouilloux.

6. « Le Bon varlet de chiens ». Extrait de Phœbus. Cabinet de vénerie, Paris, 1881.

7°. — ALPHONSE XI.

Alphonse XI, roi de Castille, de 1312 à 1350, est signalé comme auteur d'un traité de vénerie en trois livres.

Manuscrits :

1. « Libro de la Monteria ». Papier, 185 ff., xve siècle. Bibl. nationale, Paris. Fonds espagnol (classement de 1860, n° 218, ancien fonds, n° 7816). N° 218.

2. Autre exemplaire du « Libro de la Monteria ». Papier, fol. 1 à 57, xve siècle, Bibl. nat., Paris. Fonds espagnol (classement de 1860, n° 216, ancien fonds, 7814). N° 216.

3. Autre exemplaire du « Libro de la Monteria », écrit en Italie. A la fin, on lit « Duodecima januarii nonagesimi anni, in carcere nominato de la Marquesa Castri de Ovo finit. » Papier, écriture italienne très belle, 257 ff., année 1490. Bibl. nat., Paris, fonds espagnol (classement 1860, n° 217, ancien fonds, n° 7815). N° 217.

4. « Libro de la ordinacio de la caça de monte ». Autre exemplaire du « Libro de la Monteria ». Ce manuscrit aurait appartenu à Françoise de Brézé, duchesse douairière de Bouillon, puis à Charles de la Mark, comte de Maulevrier, qui le donna, en 1579, à François Rasse des Neux, chirurgien. Paris, xve siècle, 69 ff. Bibl. nat., Esp., n° 286.

Imprimés :

1. « El libro de la Monteria que Mondo escrivir el muz alto y muy poderoso rey don Alonzo de Castilla y de Leon ultimo deste nombre », publié par Gonzalo Argote de Molina. Séville, 1582, in-fol.

2. « Biblioteca venatoria de Gutierez de la Vega, t. I, II. » « El libro de la Monteria del Rey D. Alfonso anceno ». Madrid, 1877, in-8°.

8°. — PEDRO LOPEZ D'AYALA.

Pedro Lopez d'Ayala, né en 1332 dans le royaume de Murcie, mort en 1407, fut ambassadeur de Henry de Transtamare auprès du roi de France

Charles V. Il fut l'auteur de plusieurs ouvrages, entre autres d'un traité de fauconnerie, dédié à Gonzalo de Meña, évêque de Burgos.

Manuscrits :

1. « De la Caça de las aves, par Pero Lopez de Ayala ». Manuscrit incomplet. xvᵉ siècle. 97 ff. Bibl. nationale. Fonds espagnol (classement de 1860, nᵒ 292, ancien fonds, nᵒ 8166). Nᵒ 292.

2. « El libro de la cetraria ». Manuscrit in-8ᵒ, fin du xvᵉ siècle, écrit en minuscules gothiques. Il n'y a pas de nom d'auteur, mais on croit que c'est Pero Lopez de Ayala qui l'écrivit en 1386. Manuscrits espagnols de la Biblothèque nationale de **Naples** (1895), nᵒ LVIII.

Imprimés :

1. « Sociedad de bibliofilos espanoles. El libro de las aves de caça del canciller Pero Lopez de Ayala con los glosas del duque de Albuquerque ». Madrid, 1869, in-8ᵒ, 28 pages prélim. et 224 de texte, 3 planches.

2. « Biblioteca venatoria de Guttierez de La Vega », t. III. Libro de cetraria, p. 137 à 344 ». Madrid, 1879, in-8ᵒ.

9ᵒ. — JEHAN DE FRANCIÈRES.

Jehan de Francières ou Franchières, chevalier de Rhodes, commandeur de Choisy, grand prieur d'Aquitaine, vivait sous Louis XI. Il composa un traité de fauconnerie qu'il dit avoir extrait en partie des livres de Martino, Malopin, fauconnier du prince d'Antioche, frère du roi de Chypre ; Michelin, fauconnier du roi de Chypre ; Aymé Cassian, fauconnier grec de l'île de Rhodes.

Manuscrits :

1. « Livre de fauconnerie » par frère Jehan de Francières. xvIᵉ siècle. (Sorb. 378). (Bibl. Nat., Paris. Fonds français. Nᵒ 24273.)

2. « Ung petit livre de fauconnerie, par frère Jehan de Fransières, chevalier de l'ordre de l'ospital saint Jehan de Jherusalem ». Vélin. xvᵉ siècle. (anc. 7921). (Bibl. Nat., Paris. Fonds français. Nᵒ 2004.)

3. « Ung livre de médecine d'oiseaulx », par Jehan de Francières. Vélin. xvᵉ siècle. (Bibl. Nat. Fonds français (anc. 7922). Nᵒ 2006.)

4. « L'art et sciance de faulconnerie », par Jehan de Francières. Papier. xvIᵉ siècle. (Bibl. Nat. Fonds français (anc. 7099³). Nᵒ 622.)

5. « Le livre de médecine d'oyseaulx », par frère Jehan de Francières (à la suite d'un manuscrit de Gaston Phœbus). Papier xvᵉ siècle. (Bibl. Nat. Fonds français (anc. 7097²). Nᵒ 618.)

6. « Cy commence ung livre de faulconnerie », lequel frère Jehan de Fransières... Écriture du xvᵉ siècle. Initiales or et couleur. Reliure velours rouge. (Bibl. de l'Arsenal (276. S. A. F.). Nᵒ 2710.)

7. « Ouvrage sur les faucons et leurs maladies » (le commencement manque). Une note de M. Féret l'attribue à Jean de Francières. Manuscrit, papier, xvIᵉ siècle. 89 ff. (Bibl. de Clermont (Oise). Nᵒ 14.)

8. « Traité de faulconnerie » extraict et compillé par frère Jehan de Francières. Fol. 82 « Aultre medecine pour oyseaulx ». Fol. 93 « Monseigneur le comte de Vaudesmont, je Archalichin de Alagona me recommande à vostre seigneurie, et vous

mande ce petit livret abrégé de la médecine des oyseaulx de proye, extraict de bien xx livres qui traictent de ceste matière. » Fol. 116 « Aultres medecines pour faulcons, fait par Adam des Esgles, chevalier faulconnier du prince de Tarente. » Manuscrit du xv⁰ siècle. 128 ff. (Bibl. du Mans.)

9. « Traité sur les maladies des faucons et des oyseaulx de proie par messire Baudin d'Antioche — Maulopin — Michelin et maystre Aymé grec, faulconnier de monseigneur le grand mestre de Rhodes, lequel a esté le darnier et a tiré et esperimenté les meilleurs des medecines des faulconniers dessus dicts », fol. 107. V. C'est la fin du livre de la médecine des « oiseaulx de proye, fayt et comply par moy Pierre Bacon, clerc de la cité de Saint-Flour, le segond jour du moys l'an 1470 ». Manuscrit. Papier. 123 ff. (Bibl. de Narbonne (1673). N° 6.)

10. « Recueil factice de plusieurs traités de fauconnerie ». Fol. 1. Traité incomplet « C'est la manière d'aulcunes maladies d'oyseaux ». Fol. 6 « Cy commence ung livre de falconerie, lequel frère Jehan de Fransières, ci extrait. Très incomplet. Manus. du xv⁰ siècle. Papier. 58 ff. (Bibl. des Basses-Alpes.)

11. « Livre de faulconerie » composé par maistres Malopin, faulconier du prince d'Antioche ; Michelin, faulconier du roy de Cipre ; et Aimés Cassian, grec, faulconier du grand mestre de Rhodes. Fol. 2. « Commence le livre extrait par Jehan de Franchières », Fol. 41 « Fin du livre des 3 mestres faulconiers extret par coupie par moy soubssigné Balthesar de Glandesve ». Fol. 42 « S'ensuivent aucunes experiences par moy experimentées ». Fol. 54 « Livre de fauconnerie d'Arthelouche d'Alangone. » Fol. 83. « Addition au présent livre selon le prothonotere dict Pierres de Glandesves ». (Bibl. Marseille (Ba 31 — R. 196). N° 1009.)

12. « Cy commence ung livre de faulconnerie, lequel frère Jehan de Franssières a detrai et assemblé des livres de 3 maistres faulconniers, Malopin, Michelin, Aymé Cassian. Lequel livre a esté extraict et coppié par noble et puissant seigneur, mons lrère Pierre de Boisredont, chevalier de l'ordre de Saint Jehan de Jherusalem, conseiller et chambellan du roy nostre sire, commandeur des commanderies de la Romagne, Pontaubert, etc. » Manus. du xiv⁰ siècle. (Man. xi. B. 171). (Manus. français de la Bibl. Estense de Modène. N° 31.)

13. « Le livre de faulconnerie, compilé par frère Jehan de Franchières ». Pet. in-fol. relié en velours rouge. Manuscrit du xv⁰ siècle, sur vélin, composé de 74 ff. et orné de 5 belles miniatures et de lettres initiales en or et en couleur. Huzard. N° 5002.

14. « La faulconnerie de Jehan de Francières ». In-fol. dem.-rel. mar. Manuscrit sur papier de la fin du xv⁰ siècle, en ancienne bâtarde, 43 ff. Huzard. N° 5003.

15. « Le livre de faulconnerie du frère Jehan de Francières ». In-16. 90 ff. Manuscrit sur vélin en caractères romains modernes, mais copié sur un manuscrit très ancien. Huzard. N° 5004.

Imprimés :

« La fauconnerie de F. Jan des Franchières, recueillie des livres de Martino, Malopin, Michelin et Aimé Cassian, avec une autre fauconnerie de Guillaume Tardif, plus la vollerie de messire Artelouche de Alagona.

1. Paris. Pierre Sergent. (Edition princeps). Vers 1531. Petit in-4" goth.

2. Poitiers. Enguilbert de Marnef et les Bouchetz. 1567. In-4".

3. Paris. Abel l'Angelier.   1585. —

4.   —   —   1602. —

5.   —   —   1607. —

6.   —   —   1609. —

7.   —   —   1618. —

8. Paris.   Cramoisy.   1621. In-4°.
9.   —   —   1624. —
10. —   Abel l'Angelier.   1627. —
11. —   Cramoisy.   1628. —

12. Jointe à la vénerie de Jacques du Fouilloux. Paris. Abel l'Angelier. 1585 , in-4° et éditions suivantes 1601, 1607, 1613, 1614, 1624, 1628.

10°. — Arthelouche de Alagona (Artaluccio d'Alagonia)

Arthelouche de Alagona, seigneur de Maraveques, conseiller et chambellan du roi de Sicile, comte de Policastro et d'Agnati, abandonna l'Italie en 1442. Il publia en 1443 un traité de fauconnerie qu'il composa au château de Meyrargues, près d'Aix :

Manuscrits :

1. « Livre de fauconnerie composé par messire Arthelouche de Alangone, seigneur de Mayrargues, quel estoit conseiller et chambelan ordinere du roy de Cessile ». Fait suite au fol. 54 à plusieurs traités de fauconnerie en français. Manuscrit xvi° siècle. Papier. Bibliothèque de Marseille. (Ba. 31, R. 196.) N° 1009.

2. Fol. 93. « Monseigneur le comte de Vaudesmont, je, Archalichin de Alagona, me recommande à vostre seigneurie, et vous mande ce petit livret abrégé de la médecine des oyseaulx de proye, extrait de bien xx livres qui traictent de cette matière. » Manuscrit du xv° siècle. Bibliothèque du Mans.

3. « Ung petit livre... lequel traicte... de toute faulconnerie par missier Arthelouche de Alagonne, seigneur de Meirargues... Cy finist le livre nomé Missier Arthelouche, lequel a esté par moy, Vincent Philippon, escript et amp·ement reduyt, l'an de grâce 1509. » Vélin. Dessin. Bibl. Nationale. Paris. Fonds français (Colbert, 4446, ancien 7921³), N° 2005.

4. Arteluche. « Le livre pour les oiseaux. » xv° siècle. Bibl. Nat. Paris. Fonds français (Sorb., 1470). N° 25342.

Éditions :

1. « A la suite de la Vénerie de Jacques du Fouilloux ». Paris, Abel l'Angelier, 1601.
« A la suite de Francières », 1567.
« La Fauconnerie de messire Arthelouche de Alagona, seigneur de Maraveques, conseiller et chambellan du roy de Sécille ». Poitiers, Enguilbert de Marnef, 1567.

11° — Tardif.

Guillaume Tardif naquit, vers 1440, au Puy (Haute-Loire). C'était un littérateur distingué, chargé de cours au collège de Navarre. Par ordre de Charles VIII, il publia divers volumes, entre autres un traité de fauconnerie et des chiens de chasse. « Par votre commandement, tout ce que j'ay pu « trouver nécessaire et vray de l'art de la fauconnerie et venerie vous ay en « ung petit livre rédigé. »

C'est donc une compilation de divers auteurs experts en cet art. « Toute « la partie relative au noble déduit des oiseaux fut, dit-il, translatée en

« français des livres en latin du roy Danchus qui, le premier, trouva et
« escrivit l'art de faulconnerie, et du livre en latin de Moamus, Guillinus
« et Guicenas, et colligé des autres bien sçavans et expers en ladicte art. »

Des quatre auteurs dont nous parle Tardif, un seul nous est connu, « le
roy Dancus », dont nous venons de parler. Les autres sont peut-être apocryphes. Grœse pense qu'ils n'ont existé que dans l'imagination de Tardif,
qui les aurait cités pour donner plus d'autorité à son ouvrage; tandis que
d'autres pensent que ce sont d'habiles fauconniers. Charles d'Arcussia, qui
vivait au temps de Henri IV, fait également mention, dans son traité de fauconnerie, de Guicenas et Guillenus.

Moamus ou Moamin, qu'Arthelouche de Alagona appelle Moymon, fut
peut-être, d'après les biographes de Tardif, le philosophe arabe du x⁰ siècle,
Mohamed Tarkani, dit aussi *Al-Farabi*.

Il est probable que, pour composer son travail, Tardif dut mettre à contri-
bution le traité de fauconnerie et de vénerie du Sicilien Arthelouche de
Alagona, le Libro de la Caza de las Aves de l'Espagnol Pero Lopez de
Ayala; la Monteria du roi Alphonse XI, et probablement aussi la Fauconnerie de Jehan de Franchières.

L'art de fauconnerie et des chiens de chasse de Tardif comprend deux
livres.

Le premier est divisé en deux parties. La première traite de l'extérieur
et de l'élevage des chiens de chasse; la seconde énumère environ vingt-cinq
maladies du chien.

Le deuxième livre est également divisé en deux parties. Il traite des
oiseaux de proie et de leurs maladies.

Dans ces deux livres, on trouve un essai de classification de maladies, le
premier en ce genre dans les traités de pathologie aviaire. A chaque maladie sont énumérés les causes, les principaux symptômes et les traitements,
le tout déjà bien coordonné.

Imprimés :

« Le livre de faulconnerie et des chiens de chasse », par Guillaume Tardif, du
Puy-en-Velay.

1. Paris. Ant. Verard.　　　　　1492. Petit in-fol. goth. 41 ff. Edition princeps.

2. —　　　—　　　17 janv. 1506. Petit in-4" goth. 60 —

3. —　　Jehan Trepperel. 8 mai 1506.　　—　　　38 —

4. —　　　—　　　(sans date)　　—　　　30 —

5. Lyon. Pierre de Ste-Lucie dict le Prince, vers 1530-1555. Petit in-4". goth. 39 ff.

6. Paris. Philippe le Noir (sans date). In-4" goth.

7. —　　Jouaust. 1882. (Cahier de vénerie, tome 4). 2 vol. in-16 réimprimé sur
l'édition de 1492.

8. Imprimé à la suite de la fauconnerie de Franchières, d'Alagona, de Fouil-

loux, etc., etc. Éditions 1567, 1585, 1601, 1604, 1605, 1606, 1607, 1613, 1614, 1618, 1621, 1624, 1628. Voir ces auteurs.

9. « Guil. Tardivus, de arte accipitrum una cum Frederic II ». Traduction latine, imprimée avec le traité de Frédéric à Genève, 1560. Venise, 1560. Bâle, 1578.

10. Les frères Lallemant indiquent une édition d'Augsbourg. 1596. In-8".

12° — Manuscrits anonymes et divers.

A. *Latin.*

1. « Tractatus de doctrina avium, et de medicaminibus, qui liber est translatus de persico in latinum ». Dans ce manuscrit, on lit : Gatrip Persicus dit que beaucoup de Persans et de Grecs ont écrit sur la fauconnerie. Fol. 72-80.

« Liber diversarum passionum avium ». Fol. 80-81.

« Medicamentum volucrum, missum Theodosio imperatore per epistolam a Grisofo medico de cura omnium volucrum ». Manus. xiii° siècle. (Bibl. St-Marc de Venise. A. 210, I. 139 (L.VII,XXIV) O.)

2. « Petrus de Alvernia, de motibus animalium, de longe et breve vite. de morte, et viti, etc. ». xiv° siècle. (Bibl. Nat. Paris. Fonds latin. N" 16170.)

3. Simon Hebrard ; « Practica avium de rapto inventium », fol. 33 à 44. « Practica canum », fol. 44 à 49. Manuscrit du xiv° siècle. (Bibl. Palatine. Vienne. (Mod. 105). N" 2414.)

4. « Moamii Falconerii liber de curis ægritudinum avium rapacium : interprete Theodoro, philosopho ». Manus. xv° siècle. (Bibl. Nat. Paris. Fonds latin. N" 7019, 7020 et 11208.

B. *Italien.*

1. « Ricetta de amacare li vermi a li falconi fatta per missere Panuncio a xxi de Jenaro. 1468, in Gayetta ». (Fol. 1 à 8. fr. cod. 454). (Bibl. Nat. Paris. Fonds italien (anc. 7738). N° 457.)

2. « Recepto de amacare li vermi e li falconi ». Fol. 9 à 16. (Bibl. Nat. Paris. Fonds italien. N° 7740. Aragona).

3. « Trattato del cure, che aversi debbano » : 1" de « falconi » : 2" de cavalli ; questa e la memoria la quale messere Johanne fe nel tempo del re Carlo Magno, imperatore ». Papier in-4". Écriture ronde, bien conservée. (Bibl. Nat. Paris. Fonds italien. N° 7740 *bis*.)

C. *Espagnol.*

« Le libro dell nudriment he de la cura dells ocels, las quals se pertanyen ha cassa. (Publié dans les rei accipitrariæ scriptores de Rigault) ». Vélin. Lettres ornées. 125 ff. xv° siècle. (Bibl. Nat. Paris. Fonds espagnol (anc. fonds 7249). N" 212.)

D. *Allemand.*

1. « De re accipitrariæ ». Fol. 172, 180. Manuscrit allemand. xv° siècle. (Bibl. Palatine de Vienne (Med. 123). N" 2977.)

2. « Heinrich Müusingers. Buch von Falken, Habichten, Sperben, Pferden und Hunden.
Manuscrit xv° siècle. 86 ff. N" 125.
— xvi° — 203 — N" 141. (Suivi du traité d'Albrecht.)
(Bibl. d'Heidelberg.)

3. « Gepresster Lederband mis Messingbeschlägen und Schliessen, ott. Heinrichs Bild und Wappen 1558. Buch von Haltung, Krankheiten und Arzneien der Falken, Hunde und Pferde ». Pages 55 à 61, glossaire latin et allemand des maladies. Manus. xv⁰ siècle. 61 ff. (Bibl. d'Heidelberg. N° 115.)

D. *Français.*

1. « La nature des faulcons ». Vélin. Lettres ornées. Vignettes. xv⁰ siècle. (Bibl. Nat. Paris. Fonds français (anc. 7920). N° 2003.)

2. « Livre des oiseaulx de proye tant en l'art d'esperverie, aultrusserie que faulconnerie ». In-fol. sur vélin. (Bibl. de l'Arsenal. N° 275.)

3. « Petit traité de fauconnerie ». Fol. 77 à la suite d'un traité de Gace de la Buigne. Manus. xvᵉ siècle. 87 ff. (Bibl. de l'Arsenal. N° 3332. 93 B. F.)

III

Pathologie (1).

———

A. — Pathologie des équidés.

Parmi les auteurs qui se sont exclusivement occupés de pathologie équine nous citerons les trois principaux : Ruffus, Rusius et Guillaume de Villiers, dont nous allons analyser sommairement l'œuvre. Tous trois ont, en effet, exactement résumé les connaissances de leurs devanciers, l'un au commencement du moyen âge, les deux autres à la fin de cette période.

Ils commencent par répartir les maladies du cheval en deux grandes catégories, les maladies *naturelles* et *accidentelles*.

Par *maladies naturelles*, ils désignent tous les vices de conformation, tous les cas tératologiques connus, qu'ils divisent de la façon suivante :

1. *Maladies d'augmentation ou d'abondance*, comprenant : les animaux à deux têtes, à deux queues ; les animaux porteurs de tumeurs diverses, etc., etc.

2. *Maladies de diminution ;* diminution dans la longueur d'un membre ou d'une partie quelconque du corps ; chevaux sans oreilles, sans queue, sans testicules. etc., etc.

3. *Maladies par défaut de nature ;* chevaux à jambes torses, à sabots tournés en dedans ou en dehors.

4. *Maladies par vices de parents ;* maladies héréditaires.

Quant aux *maladies accidentelles*, elles sont du ressort de la pathologie proprement dite.

« Et parce que vices et maladies de chevaus sont sanz nombre, dont les unes « sont dedanz et les autres dehors, les unes apparissanz et les autres privées, si « que nus ne puet estre qui n'en ait ou pas ou mout, sachiez que cil sont meillor « qui moins en ont. » Brunetto Latini. Li livres dou trésor. L. I, part. V, ch. 188, 1.

———

(1) Les éditions vétérinaires dont nous nous sommes servis sont les suivantes :

Rusius. La Mascalcia di Lorenzo Rusio. Bologna, 1867. — *Ruffus.* Jordani Ruffi calabriensis Hippiatria. Patavii, 1818. — *Crescens.* Trad. française, éd. 1516.

Les manuscrits français, latins, espagnols, italiens signalés, ont été consultés à a Bibliothèque Nationale.

A. — Pathologie interne.

1. — MALADIES DE L'APPAREIL DIGESTIF

1° — STOMATITE.

Latin. — Foltelle. Foscellae. (Albert le Grand, liv. 22.) — Floncellae. (Rusius, ch. 67.)

Français. — Mal de gueule. Ponches. Fonsel. (De Villiers, ch. 105. Ms. fr. 2002, 25341, ch. 19. Ms. lat. 1553.) — Boce dedans la bouche. (**Ms.** fr. 2001, fol. 11. v.) — Feauceaus, forceles. (Ms. fr. 2001, fol. 4 et 10. v.)

Italien. — Del male della boccha. (Ms. ital. 944, fol. 65). — Della floozelle, (ch. 68).

Barbieri pense que *fluncella* dérive de *flemmoncello* et sert à désigner une inflammation des parties internes des lèvres et des gencives (épulides ou parulides). Heusinger croit que c'est plutôt le *fonzello* des Italiens modernes, c'est-à-dire une maladie aphtongulaire. Cette affection, caractérisée par l'inflammation de la muqueuse buccale et l'apparition de petites vésicules, peut se rapporter à la stomatite ulcéreuse ou au horse-pox.

D'après La Curne Ste-Palaye, les *faucelles* sont :

« Maladies comme vessiettes qui viennent à la gueule du cheval ou es lèvres ou
« autour des dents ».

2° — PALATITE.

Latin. — Lampistus. (Albert le Grand, l. 22.) — Lampascus. (Rusius, ch. 65, 66.)

Italien. — Lampasco. Lampasto. Palatina. (Rusius. Ms. ital. 944, ch. 66, 67.)

Espagnol. — Lampastu.

Catalan. — Pallados. (Ms. fr. 2002, f° 49.)

Haut-allemand. — Forcin. Schuf. Schule. (Albert le Grand, l. 22.)

Français. — Lampas. Lampast. (Guillaume de Villiers, ch. 106. Ms. fr. 2001, f° 4 et 10. v. Ms. fr. 2002, f° 49.) — Empas (Jaubert). — Febve. (Ms. fr. 2002, f° 49.)

Le lampas « *maladie qui vient en la gueulle entour l'ordre des dents, dessus au palaye* » est bien la palatite. Pour la guérir, on faisait une saignée au palais ou bien on cautérisait avec un cautère en forme de faux ou de C gothique ou d'S.

D'où vient cette expression de *lampas* qui s'est longtemps conservée dans e langage vulgaire ?

Borel, Ménage, la font dériver du latin *lambo* ou du grec λαπτω laper, amper « *en sorte qu'on aurait appelé le dedans de la bouche lampas parce* « *que c'est le conduit dans lequel on verse la boisson qu'on lampe.* ». De fait, dans plusieurs poésies du moyen âge, on trouve cette expression comme synonyme d'arrière-bouche, de gosier.

Nous pensons que cette étymologie est la vraie, et, qu'elle provient de la grande appétence des animaux atteints pour les liquides, et de la difficulté qu'ils éprouvent pour les déglutir, à cause de la douleur provoquée par le gonflement inflammatoire du palais.

On la désigne aussi sous le nom de *febve* dans un manuscrit français de la Bibliothèque Nationale du xve siècle (n° 2002). Cette expression de *fève* est restée de nos jours dans le langage des maréchaux.

3° Blessure de la langue.

Latin. — Lœsio linguæ. (Ruffus, ch. 20. Rusius, ch. 68.)

Français. — Maladie qui vient es langue. Blécheure de la langue, enfermeté de la langue. (G. de Villiers, ch. 109. Ms. fr., 2002, f° 13, 48. Ms. fr., 25341, ch. 20. Ms. lat., 1553, ch. 20. Ms. fr. 2001, f° 10.)

Heusinger croit qu'il s'agit de la fièvre aphteuse; mais une lecture quelque peu attentive du texte permet de voir qu'il n'est absolument question que des plaies de la langue, produites par le mors, les dents, etc., etc.

Si la plaie est transversale et située au delà de la partie médiane, faire l'ablation de la portion incisée, car autrement la guérison ne serait pas possible.

4° — Inflammation du canal de Sténon.

Latin. — De Malo oris. (Ruffus, ch. 19. Rusius, ch. 64.)

Français. — Des enfermetez de la bouche. (Ms. fr., 25341, ch. 19.). — Ponches. Fonsel. (De Villiers, ch. 107, 105.) — Mal de gueulle.

D'après Barbieri, ce serait la palatite, et, suivant Heusinger, la fièvre aphteuse. La difficulté de la mastication, l'inflammation de la muqueuse buccale, la tuméfaction des glandes longues, comme des amandes en dedans de chaque maxillaire « *enfleure dedans la bouche es lèvres encontre les dens* « *messelières* » semblent plutôt indiquer l'inflammation du canal de Sténon, mais nous n'osons trop l'affirmer.

Comme traitement, Ruffus et Rusius conseillent la saignée aux sublinguales. Malheureusement, comme pour l'inflammation du canal de Wharton, ils recommandent une opération, encore trop pratiquée de nos jours par les empiriques, l'amputation ou plutôt l'extraction de la partie libre du canal au moyen d'un fer recourbé « *ferrum parvum uncum* ».

5° — Inflammation du canal de Wharton.

Latin. — Barbula sub lingua. (Rusius, ch. 69. Albert le Grand, L. 22.)

Italien. — Barbule sotto la lingua. (M. ital., Rusio, 944, ch. 70.)

Français. — Barbule. Barbole. Barvole. Barbes. Barbeles. (G. de Villiers, ch. 108. Ms. fr., 2001, f° 5. Ms., 2002, f° 48, v. Ms. fr., 2001, f° 5.)

Cette affection est caractérisée par de petites élevures « *en forme de* « *mamelles de bestioles de la grosseur d'un grain de froment* », situées sous la langue.

C'est la *ranula* ou *ranæ* des Latins. Ce sont nos *barbillons*, expression vieillie comme le *barbone* des Italiens.

L'étymologie en est bien simple. Au moyen âge, *barbel, barbele* signifiaient pointe, espèce de poisson (barbeau); d'où, par extension, maladie du cheval, à cause de la ressemblance de la partie saillante hypertrophiée du canal de la glande maxillaire avec les barbillons, situés de chaque côté de la bouche des barbeaux.

6° — PAROTIDITE.

Latin. — Vivolæ. (Ruffus, ch. 5. Rusius, ch. 62.) — Glandula. (Crescens, L. 9, ch. 13 et 18.)

Italien. — Vivoli. (Ms. ital., n° 454, 944, ch. 63.)

Français. — Vives. Avisves. (Ms. 2002, f° 36.) — Avives. Avyves. (Ms. fr., 25341, ch. 5. Crescens, trad. fr., éd. 1516. Ms. lat., 1553.) — Vivules. (Crescens, trad. fr., éd. 1516. De Villiers, ch. 68, 72.)

« Autres glandes qui aviennent entre le col et le chief, et en tel manière estraint « grant partie de la gorge que le cheval ne puet mengier ne boire nule chose. »

Ces symptômes nous semblent être ceux de la parotidite; mais ils peuvent tout aussi bien se rapporter à l'angine, et notamment à l'angine gourmeuse.

L'expression de *vives, avives* est fréquemment signalée dans la littérature médiévale; nous en citerons quelques exemples :

« Quidam mulus suus casu fortuito cecidit in terra semi mortuus, credens « quod malum fuisset de *viviis*, sive *troucadis*, quod vulgariter *goutes* appella- « tur. (Murac. Ms. Urbani, V. Ducange, gl. med. et inf. latin.)

« Pour le grant cheval moreau qui avoit les *vives.* (464, Compt. rend. du « Templ., arch. M. M. 139, f° 134. »

La Curne Sainte-Palaye croit que l'étymologie viendrait de l'arabe *ad-dziba*, qui aurait le même sens. Scaliger la fait dériver de *aqua viva*, eau vive, parce que la croyance populaire était que l'ingestion des eaux vives, étant plus fraîches, provoquait plus facilement cette maladie.

Peut-être, viendrait-elle tout simplement de *avivant, aviver, avivement*, qui, au moyen âge, désignait quelque chose de vif, ardent, et sans doute, par extension, une irritation quelconque.

7° — PHARYNGITE. — ABCÈS PÉRIPHARYNGIENS.

Latin. — Strangulina. Strangulliones. Stranguilio. (Ruffus, ch. 4 et 64. Albert le Grand, L. 22. Rusius, ch. 63, Crescens, L. 9, ch. 17.) — Synanticus (Ducange).

Italien. — Stranguglioni. (Ms. ital., Rusio, n° 944, ch. 64.) — Stranguglione. (Ms. ital. Ruffus, 454.)

Français. — Stranguoïllone. Estranguillon. (Ms. lat., 1553, ch. 4.) — Estranguille. Stranguille. Stranguillon. Strangol. Estranguillon. Estrangueilon. (Nicole, trad. fr., Crescens, f° 97, r. Ms. fr., 25341, ch. 4. Ms. fr., 2002, f° 35. De Villiers, ch. 104. Ms. lat., 1553, ch. 4.)

Toutes ces dénominations peuvent aussi bien s'appliquer à la pharyngite, à la laryngite, aux abcès péripharyngiens, à la gourme et même à la morve, que certains auteurs considéraient comme une conséquence de ces maladies mal soignées. C'est de là que sont venues ces expressions populaires *estran-guillon, stranguglione,* qui, en France et en Italie, servent encore, dans le langage vulgaire, à désigner l'esquinancie.

« Avient au cheval glandes pres dou chief dessouz la gorge et ce avient par les « hymeurs qui avalent dou chief dou cheval... dont pour la groisseté et pour « l'enflure de ces glandes, toute la gorge en est enflée et aussi les pertuis en tel « manière que le cheval puet à peine soupirer. (Ms. fr. Bibl. Nat., 25341.) »

Le traitement consistait dans l'extirpation des glandes, procédé dont nous avons déjà indiqué le manuel opératoire dans la partie relative à la vétéri-naire dans l'antiquité. On passait aussi des sétons sous la gorge.

Estranguillon, stranguillon dérivent du latin *strangulina,* dont la racine est *strangulare,* étrangler, serrer la gorge, asphyxier, d'où ce nom appliqué à la pharyngite, à cause des menaces incessantes d'asphyxie dans le cours de cette affection.

8° — DES COLIQUES EN GÉNÉRAL.

Elles sont désignées par Guillaume de Villiers et dans les manuscrits fran-çais 2002, 25341, par les expressions suivantes : *tranchaison, trancheson, tranchoison, trencison, trenkison,* dont nous avons fait le mot *tranchées* encore en usage en langage populaire pour désigner les coliques du cheval. Le sens propre du mot *tranchaison* était trancher, inciser, d'où par extension coliques, sans doute à cause des douleurs très vives qu'elles déterminent, et qui donnent la sensation d'une incision produite sur les intestins par un instrument tranchant. D'après Barbieri tranchées viendraient de *stropu* ou de *trinciasune,* parce que, sous l'effet de la douleur, l'intestin se rupturerait souvent.

Pour désigner les coliques, on employait aussi le mot *torse, 'orsion, torcion, tortion.*

« Torcions est un mauls qui va des entrailles dusques au cuer es torment tout le cors ». (Ms. Berne 697, f° 97 v.)

Crescens reconnait que les coliques proviennent :

1. De la superfluité des mauvaises humeurs.

2. De la ventosité.

3. De la superfluité ou rétention d'urine.

4. De l'ingestion d'une trop grande quantité d'eau froide.

9° — Indigestion stomacale.

Latin. — Dolor ex superflua comestione hordei. (Ruffus, ch. 8.) — Dolor ex nimia comestione. (Rusius, ch. 150.) — Equus superadimpleatus. (Albert le Grand, l. 9, ch. 22; Crescens, l. 9, ch. 19.)

Français. — Tranchoisons par trop mangier. (Guillaume de Villiers, ch. 89-91. **Ms. fr.** 2002, f° 38-40; 25341, ch. 8. Ms. lat. 1553, ch. 8.)

L'apparition de coliques après l'ingestion de grains d'orge ou de légumineuses ingérés avec trop de rapidité indique bien qu'on a affaire à une indigestion stomacale. Pour prévenir cette affection, Ruffus et Rusius recommandent de ne donner aux chevaux fatigués par excès de travail que très peu de nourriture avant de boire, afin qu'ils n'aient pas trop à manger à la fois et soient obligés de bien mâcher leurs aliments.

10° — Entérite. — Diarrhée.

Latin. — Aragiatus (Ruffus, ch. 14-15). — Aragiacus, argaratus. (Crescens, l. 9, ch. 24, 58.) — Ragiatus, ragatus, ragiatura, dysenteria (Rusius, ch. 136). — Aragaicus (Ducange).

Italien. — Aragaiaco, arragiati. (Ms. ital. 940, 941.) — Rugiato overo dissenterina. (Ms. ital. 944, ch. 137.) — Cavallo scalmmato. (Ms. ital. 944, ch. 142.) — Ragiatura.

Français. — Raige. (Ms. fr. 2002, fol. 44-50 v.) — Cheval qui raie. (**Ms. fr.** 25341, ch. 15. — Raige et Desperacion. (De Villiers, ch. 92, 95.) — Cheval eschaufé, séchiez. (M. lat. 1553, ch. 14. Ms. fr. 2002, fol. 43.) — Cheval élangui, scalmat. (Rusius, ch. 114. Ms. fr. 2002, fol. 43. Ms. lat. 1553.)

Les descriptions de Crescens, de Ruffus, de Rusius, se rapportent bien à la diarrhée, ainsi que le prouve l'expulsion fréquente par l'anus de matières alvines, fétides, claires comme de l'eau ou striées de sang. Traitements variés. Cautérisation autour du nombril, « *coque ad umbilicum in circuitu* »; lavements, breuvages rafraîchissants, diète, saignée. A propos de cette saignée, Rusius ajoute que si on regarde le sang déposé dans un vase, on le voit presque jaune (*Croceus*).

L'expression *raie*, *raige* est la plus employée dans les divers manuscrits que nous avons consultés. Elle vient du vieux mot français *raier* (couler), qui viendrait lui-même du mot latin *rigare*, couler, arroser, répandre.

Les exemples suivants le prouvent :

« Li sancs tuz clers par mi li cors li raiet ». (Rab. v. 1980.)

« Des espurons paint l'auferant (cheval)
« Que il en fist raer le sanc. »

(Mort du roi Gormont. 15 ap. Reiff. chron. Mousk. Godefroy. La Curne Sainte-Palaye.)

Dans l'italien moderne *aragaico* sert à désigner la diarrhée.

11° — CONGESTION INTESTINALE.

Latin. — Dolor ex superfluo sanguine. (Ruffus, ch. 6. Rusius, ch. 148.)

Français. — Tranchoisons par trop de sanc. (De Villiers, ch. 87. Ms. fr., 25341, ch. 6.) — De la douleur dou sanc quie trop. (Ms. lat., 1553, ch. 6.)

Cette infirmité « avient au cheval dedenz le cors qui fet maintes douleurs et « maintes tranchoisons et c'est par trop sanc qui est corrompuz et encloz dedenz « les veines et ceste infermeté ne fet mie enfler le cors ne les flancs. Mais les « veines enflent tant seulement dou cheval et le gettent à terre par trop souvent « par grant douleur. »

Saignée à la veine thoracique (*veine de la sangle, cingularia, vulgo cingulum*), à la jugulaire.

12° — INDIGESTION INTESTINALE.

Latin. — Dolor ex ventositate. (Rusius, ch. 149. Ruffus, ch. 7.) — Dolor ventri. (Crescens, l. 9, ch. 19.)

Français. — Tranchoisons par ventosité. (Guillaume de Villiers, ch. 88. Ms. fr., 25341, ch. 7. — Douleur de ventosité. Ms. lat., 1553, ch. 7.) — Ventoseus. Venteux. Ventosité. — (La Curne Sainte-Palaye.)

« *Le corps du cheval s'enfle moult grant.* » Parmi les nombreux traitements indiqués, nous en signalerons un qui nous paraît assez bizarre : introduire dans l'anus un bout de roseau dont l'extrémité libre est liée à la queue. On fait ensuite chevaucher le cheval à travers des sentiers montueux afin que le vent, amassé dans son corps, puisse « *yssoir par le tuel* (tube ou tuyau).

13° — COLIQUES VERMINEUSES.

Latin. — Vermes in ventribus. (Albert le Grand, ch. 22.) — Vermes in testiculis (par erreur du copiste). (Rusius, ch. 167.)

Français. — Vers qui sont en corps du cheval. (Ms. fr., 2002, fᵒ 95, 96.) — Vers au ventre. (Ms. 2001, fᵒ 19.)

14° — RENVERSEMENT DU RECTUM.

Latin. — De equo qui emittit intestinum foras anum. (Rusius, ch. 96.)

Saupoudrer de sel la partie herniée, puis remettre le tout en place. Introduire ensuite un morceau de lard en forme de suppositoire.

II. — MALADIES DE L'APPAREIL URINAIRE

1° — COLIQUES URINAIRES.

Latin. — Dolor ex retentione superfluæ urinæ. (Ruffus, ch. 9. Crescens, l. 9, ch. 19. Rusius, ch. 151.)

Français. — Cheval qui ne peult pisser. (De Villiers, ch. 82.) — Tranchoisons par longuement retenir son eau. (De Villiers, ch. 90.) — Cheval qui ne peut pisser. — Tranchoison ou torse par trop retenir l'orine. (Ms. fr., 2002, f° 39.) — Tranchoison pour trod retenir estal. (Ms. fr., 25341, ch. 9.) — Cheval qui ne peut estal. (Ms. fr., 2001, f° 20.) — Chaude ou caude pisse. (Ms. fr., 2001, f° 11, 20.) — Douleur dou retenement de l'orine. (Ms. lat., 1553, ch. 9.) — Cheval qui ne peut estal ou pisser. (Ms. fr., 2001, f° 20.)

Il est difficile, pour ne pas dire impossible, de préciser à quelle sorte d'affection on a affaire, ces dénominations n'étant que la signification d'un des principaux et plus fréquents symptômes des maladies des voies urinaires : la difficulté dans la miction et les coliques consécutives.

2° — PARALYSIE DE LA VERGE.

« Cheval qui boute son membre dehors et ne peult remettre dedans. » (Ms. fr., 2002, f° 65.)

« Vient quelquefois par eschaufoison qu'il prend avec la jument ; lui vient parfois « petites vessies blanches esquelles il y a eau jaune. »

Peut-être est-ce aussi l'exanthème coïtal, la dourine ?

III. — MALADIES DE L'APPAREIL RESPIRATOIRE

1° — BRONCHITE. — CORYZA.

Latin. — De frigiditate capitis. (Ruffus, ch. 17. Rusius, ch. 70, 165. Crescens, l. 9, ch. 26.)

Italien vulgaire. — Infredatura. Coryza. Tussis secca. Infrigidato. (Ms. ital., 454, ch. 18.) — Frigidita del capo. (Ms. ital., 944, ch. 71.)

Français. — Froidure de la tête. (Trad. Crescens. Ms. fr., 2002, f° 45.) — Cheval refroidi. (Ms. fr., 25341, ch. 17. Ms. lat.,1553,ch. 17.) — Cheval refroidi et enfondu. (De Villiers, ch. 80, 83.) — Froidure dou chief. (Ms. fr., 25341, ch. 17.) — Morffondure. De Villiers, ch. 79, 80, 84. Rusius, ch. 94.)

« Aucune foiz une enfermeté avient au cheval qui descend au chief qui fet soner « les narines quant il trait l'air à soi et le fet toussoir et lermer des iex, aucune « foiz li fet débatre des flanc et ce avient quant li chevax est mis en un estable « trop chaude puis est chaciez soudenement au vent. »

« Pour ung cheval qui fut *morfondu* au dit veage, lequel fu par l'espace de « neuf jours entre les mains du mareschal senz rien faire. » (Compt. de J. Asset, 1402-1404. — F. commune despence, xvi, arch. Orléans. (Godefroy.)

« Et porra estre que l'un de ses chevaulx se recroira ou demourra par aucun « accident de *morfonture*, de releveure ou d'aultre chose. » (Les Quinze Joies du marriage, ix, p. 82. (Godefroy.)

« Eux et leurs chevaux, après la grand chaleur du soleil que il auront eue le « jour, *morfondront* ne ja ne s'en sauront garder. (Froiss., Chron , ii, iii., éd. Buchon.)

« S'aucun cheval est *morfondu*, il convient tantost faire seigner des jambes « devant au plus bas, et au haut du plat des cuisses, et recueillir le sang et d'icel- « lui oindre les pies, puis torchier de foing mouillé. » (Ménager, ii, p. 3)

« A Jehan Mignon pour le desdommaigement d'un cheval qui *morfondit* soubz » lui. » (Compt. J. Martin. 1421-1423. Commune despence, xvi, arch. munic. Orléans.)

Morfondure, morfonture est bien le coryza; toutefois, cette expression pourrait aussi s'appliquer à la gourme et à la morve.

L'étymologie probable serait *morbus* mal et *fundere* couler. Du reste, dans Ménage et Richelet, morfondre signifie se refroidir.

En italien moderne, *infreddatura* signifie rhume, refroidissement.

2° — EMPHYSÈME PULMONAIRE.

Latin. — Equus pulsivus, pulsinus, pultinus, bolsus, bulsinus. (Ruffus, ch. 12. Rusius, ch. 142, 165. Crescens, l. 9, ch. 21. Dino Dini, ch. 34.)

Italien. — Polsino, Bolsino. (Ms. ital. 938, ch. 58, 63, 64.) — Pulcinu. Bolsaggine. Polsivo. Pu'sivo. (Ruffus. Ms. ital. 454, ch. 12. Ms. ital. 944, ch. 143.) — Bolso caval. (Rusius, édit. 1561.) — Cavallo pulsino. (Ms. ital. 940, ch. 47, 54. Ms. ital. 941.)

Français. — Pultine. Cheval pultif. (Ms. latin 1553, ch. 12. Crescens. Trad. fr., éd. 1516, f° 98. v.) — Poucis (mesnaigier, de Paris.)
Cheval poussif, poussiveté. (Guillaume de Villiers, ch. 93. Ms. fr. 25341, ch. 12. Ms. lat. 1553, ch. 12. Ms. fr. 2001, f° 10 v.) — Toux sèche. (Rusius, ch. 165.)

« La force de gentiane est si forte qu'elle profite en breuvage aux chevaulx ayans
« non seulement la toux, mais aussi *poussiveté* et contraction des flancs. » (Trad.
« de l'hyst. des plantes de L. Fousch, c. 84, éd. 1558. Godefroy.)

> « Robins le palefroi enmaine
> « Qui n'estoit pas *poussieus* d'alaine. »

(Bl. et Jeh. 2427. xiii° siècle. Ménagier, ii. 3.)
« Regarde si le cheval souffle, si les flancs lui haletent ou qu'il soit *poucis*. (Ménagier, ii, 3.)

L'énumération des principaux symptômes ; la respiration difficile *magna sufflatio*, les battements fréquents du flanc « *continua* », les termes même dont se sont servis les auteurs du moyen âge, indiquent bien qu'il est question de l'emphysème pulmonaire. Traitements complexes et insignifiants, breuvages variés, cautérisation du flanc en croix, saignées, sétons, section de l'aile du nez pour faciliter la respiration. Ruffus dit que c'est une maladie incurable quand elle est ancienne.

La racine de *pulsivus* se trouve dans le latin *vulsus* (Pélagone, Végèce) parce qu'on croyait que le cheval atteint de cette affection avait quelque chose de rompu dans les poumons (dilatation des vésicules). On la retrouve dans le grec byzantin avec le changement du *V* en *B*, *Bolsos*. Il est passé presque sans changement dans la langue italienne. *Bolso, Bolsaggine, Bulsino,* servent actuellement à désigner la pousse.

IV. — MALADIES NERVEUSES

1° — ÉPILEPSIE.

Cadivus. Lunaticus. Mal caduc.

Cause de redhibition quand l'animal était atteint.

« Nisi forte vitium invenerit emptor, quod illi venditor celaverit, hoc est, in
« mancipio, aut caballo, aut in qualicunque peculo, id est, aut cœcum, aut
« herniosum, aut caducum, aut leprosum. Lex Bajwar titr. 15, § 9. (Ducange.)

Cadivus vient de *cado cadere*, tomber, en raison de la chute subite de
celui qui est atteint de ce mal.

V. — MALADIES GÉNÉRALES

1° — Paraplégie essentielle.

Latin. — Frenes. (Albert le Grand, L. 22.) — Gutta renalis. Passio vel morsura
renum. (Rusius, ch. 89.)

C'est probablement de la paraplégie essentielle dont il est question, quand
Albert le Grand et Rusius parlent d'une affection qui « *travaille les reins* »
et les rend immobiles, au point que les animaux tombent pour ne plus se
relever. D'après ces auteurs, cette maladie surviendrait plutôt pendant les
chaleurs que dans les périodes de froid. Rusius lui reconnaît un certain
degré de gravité, puisqu'il recommande de ne pas différer le traitement.
Saignée à la saphène ou à la queue, cautérisation des reins.

2° — Fourbure.

Latin. — Equus infustitus, infusticus, infusus, infunditus. Morbus infesticus,
infusio, infunditura. (Ruffus, ch. 11, 13. Rusius, ch. 137, 143. Crescens, l. 9, ch. 20,
22. Albert le Grand, l. 22.)

Italien. — Rinfuso, infestuto, infusio, infustito, infustico. (Ms. ital. 944, ch. 138,
144. Ms. 454, ch. 11.)

Français. — Infusion, infonture, enfonture, enfondu, enfondure, enfondeure,
anfondeure, enfesture, enfustif, enfestu, enfustu. (Crescens, éd. 1516. Ms. fr. 25341,
ch. 11, 13, 55. Ms. fr. 2002, f° 42. v. Ms. fr. 2001, f° 10, 23. Ms. lat. 1553, ch. 13, 11.
De Villiers, ch. 94, 81. — Cheval fourbatus, forbatu, foubatu, fourbature. (Ms. fr.
2001, f° 11. Ms. fr. 25341, ch. 55). — De Villiers, ch. 145 (fourbature des pies). —
Anfondeure descendu as ongle dou pie. (Ms. fr. 25341. ch. 53.) — Morfondure
des jambes. (De Villiers. ch. 144.)

« Il advient une maladie au cheval quand il est trop échauffé ou il a sué. (Cres-
« cens. f° 99, r. éd. 1516. »
« Quant le cheval cloche d'ung pied, de deux ou de plus, et il meult les cuisses
« griefvement et en soy retournant il s'en gaste, ce sont signes qu'il est *enfondu*.
« (Crescens, édit. fr. 1516, f° 98.) »
« Relivrerent li Hainuier leurs chevaus, qui tout et par especial des seigneurs
« estoient *enfondut* et afolet. (Frois Chron., II., 185.) »

Ces diverses dénominations servent à désigner tantôt la fourbure, tantôt la
courbature, que les auteurs ont prises souvent l'une pour l'autre. En
général, les symptômes mentionnés sont plutôt ceux de la fourbure. Il en
est de même des principaux termes usités, tels que *rinfuso, rinfondimente,*

infestuto, qui servent encore aujourd'hui, en Italie, dans le langage populaire à désigner la fourbure.

Les hippiatres du moyen âge l'attribuaient à diverses causes, savoir : à la trop grande ingestion de grains ou récolte de l'année (*annonœ*), à l'absorption d'une trop grande quantité de liquide, à l'excès dans la marche. En voici les principaux symptômes : Marche titubante (*titubando*), comme si le cheval marchait sur des charbons ardents, tremblements au repos, membres contractés, désir de se coucher et impossibilité de mettre ce désir à exécution ; dans la marche, le cheval remue difficilement les membres et se tourne avec beaucoup de difficulté.

Les traitements indiqués sont nombreux : infusions diverses, bains d'eau froide jusqu'au genou, diète, barbotage. Si le cheval n'est pas guéri vers le 3e ou le 4e jour, le saigner à l'angulaire de l'œil ; appliquer ensuite des liens légers, trempés dans la lessive, autour des cuisses, du genou, des sabots. Si le mal continue amincir (*extenuo*) la corne avec la renette et saigner en pince. Ruffus et Crescens parlent de déferrer l'animal (*differatus*).

Comme accident consécutif, ils signalent la chute de l'ongle « *spumatura ungularum* », quand la fourbure a été mal soignée, par suite de la négligence ou de l'impéritie de celui qui la soigne « *imperitii medicamentis* ».

Enfonture, enfondure, etc., etc., viendraient de *enfondre* qui signifie morfondre, geler, mouiller, tremper ou de : *enfonder,* périr, crever, à cause de la gravité du mal.

On s'est encore servi de l'expression *recru.*

« Si me manda messires Pierres d'Avalon que je me deffendisse vers ceux qui « m'apeloient poulain, et leur deisse que j'amoie mieus estre poulains que roncins « *recreus* ainsi comme ils estoient. » (Joinville, 434.)

Fourbatus, forbatus, forbu sont l'origine de notre mot fourbu, fourbure.

Henri Estienne, dans son livre de la *Précellence du langage français,* et d'autres encore, disent que ce mot viendrait du latin *foris* hors, *bibere* boire, ou de l'ancien verbe *forboire,* boire avec excès : forbeverie, excès de boisson, « comme qui diroit un cheval qui a bu hors le temps qu'il falloit « boire ». Nous avons vu, en effet, qu'on invoquait comme cause de cette affection l'absorption d'une trop grande quantité d'eau. Cette expression pouvant aussi s'appliquer à l'homme, n'y aurait-il pas là une analogie entre le pas de l'homme qui a trop bu, *foris bibere,* boire hors de propos, et la marche titubante du cheval fourbu.

Ménage croit que fourbu dérive de *forimbutus* ou *male imbutus.*

Borel penche plutôt pour *foras* et *via,* hors de la voie et non en état de cheminer. En vieux français, fourbu signifiait également fourvoyé.

D'après Lenglet-Mortier, *fourbu* serait composé de deux radicaux moriniens ou gaulois antique : *feur* et *bu* ou *but.* Le premier aurait pour signification feu, zèle, courage, force, énergie; et le second, sans, hors de, privé de; d'où manque de force, de vigueur, d'énergie. Dans ce sens et par métaphore, *fourbu* devient synonyme de lassitude, fatigue, nonchalance. (*Recueil de médecine vétérinaire*, 1858, p. 944.)

Il est une étymologie dont aucun ne parle et qui, à mon sens, pourrait être tout aussi vraisemblable que celles que nous venons d'indiquer; c'est la suivante : φορϐη, *forbea*, *forbia*, aliments, *utere* user et peut-être abuser, la fourbure étant le plus souvent le résultat de l'ingestion d'une trop grande quantité de grains.

Enfuste, enfestuce, enfustif, etc., etc., appartiennent plutôt à la courbature. Ces expressions, au moyen âge, étaient, du reste, synonymes d'engourdissement.

B. — Pathologie externe.

I. — MALADIES DE LA RÉGION DIGITÉE

1° — BLEIME.

Latin. — De subbattuto. Subtus solam pedis. (Ruffus, ch. 56.) — Subjactura. (Rusius, ch. 128.)

Italien vulgaire. — Subatutu. Subactutu. Subatitura. (Ms. ital., 454.) — Del subbacuto. (Ms. ital., n°ˢ 944 et 129.) — Subactetura. (Ms. ital., Facio n" 938, f" 31.)

Français. — Foulure de la sole. (Rusius, ch. 135. Ms. fr., 2001.) — Douleur de pied. (Rusius, ch. 135.) — Pied estonné. (Ms. fr., 2002, f" 82, et de Villiers, ch. 152.)

Subbatutto viendrait probablement de *sub* sous et du mauvais latin *battuo*, *batuo* frapper.

Quant aux mots *estonné, éton, estonneure*, ils signifiaient, au moyen âge, ébranlement, secousse, engourdissement. C'est dans ce sens que le mot *estonneure* est pris dans la phrase suivante :

« Il se tira ung peu arrière du tournoy, tant que l'estonneure de son pied fust « apaisée. » (Percefor, vol. I, fol. 1462.) (La Curne Sainte-Palaye.).

Comme causes de cette affection, Ruffus et Rusius signalent les percussions sur la sole, quand le cheval marche sans fer *« sine ferris subtus pedem »* dans les terrains montagneux ou rocailleux; d'où amas de sang entre la corne et le tissus velouté *« tuellus »*. Comme traitement, ils conseillent la dessolure *« dessolare »*, en tant que cela est nécessaire, suivant que la lésion est de petite ou de grande étendue, afin de donner écoulement au pus.

2° — ENCLOUURE.

Latin. — Inclavatura. (Ruffus, ch. 52, 53, 54. Rusius, ch. 123, 124, **125**, 126. Crescens, l. 9, ch. 56.)

Italien. — Inclavatura. (**Ms. ital.**, Rusius, n" 944, ch. 124 à 126.) — Inchiovatura (**Ms. ital.**, n" 940, ch. 104, facio. Ms. ital., n° 454, ch 52, 53, 54. Ms. ital.. n° 938. ch. 74.) — Inchiodatura. (Imprimé, Rusius, éd. 1516, ch. 158.) — Inchiovatura. **Ms. ital.**, n° 940, ch. 59.)

Français. — Encloueure. Encloeure. Encloures. (**Ms. fr.**, 25341, ch. 50, 51, De Villiers, ch. 138, 139, 140, 142, 157. Ms. fr., 2001, f° 6.) — Encloeure. (**Ms. fr.**, 2002, f° 82, 83. Ms. lat., 1553, ch. 52, 53, 54.)

En dehors des livres d'hippiatrie, les mots *encloueure, enclosure, enclosture*, etc., se trouvent fréquemment mentionnés dans la littérature du moyen âge. En voici des exemples :

« Car de peine clochoit comme un cheval qu'on *encloe*. » (Berte, XXXIV.)

« Encore eut si grant presse sur les trois jours qu'il furent à Durames que bien « la tierce part des chevaus furent *encloés*. » (Froissart, II, 82.)

> « Adviser doit le mareschal,
> « Qui ferre d'autrui le cheval ;
> « Car pour l'*enclouer* on retraire.
> « Puet trop le maistre avoir contraire. »

Desch, f° 443. (La Curne Sainte-Palaye.)

L'*encloueure* est bien notre enclouure, comme elle est aussi l'*inchiodatura* des Italiens modernes. L'étymologie est bien simple. Elle dérive de *in* dans et *clavus* clou, en raison même de l'origine de cette affection, résultat de l'introduction d'un clou dans les tissus sous-ongulés pendant la ferrure. *Encloer*, au moyen âge, signifiait garnir de clous, ferrer, attacher avec des clous.

Les auteurs du moyen âge ont donné une bonne description de l'enclouure, qu'ils divisaient en plusieurs variétés, suivant le plus ou moins de gravité des lésions.

La première espèce, *inclavatura quæ tangit virum ungulæ*, qui touche au *tendron* de l'ongle, était considérée comme la plus dangereuse, en ce sens que le tissu podophylleux ou feuilleté « *tuellus* (1) » était profondément atteint. Dans les cas les plus graves, dessoler. Si la lésion est moins profonde, amincir la corne jusqu'au vif avec la rénette « *roisnecta* », mettre la plaie à nu « *discouperio* » et appliquer un pansement.

La deuxième espèce « *inclavatura quæ non tangit tuellum* (le *tuel*) » était la moins dangereuse. C'était une lésion simple due à l'introduction d'un clou dans la corne kéraphylleuse, entre le tissu podophylleux et le sabot. Comme traitement, on se bornait à amincir la corne jusqu'au vif et à élargir la plaie.

La troisième espèce « *inclavatura quæ rumpit coronam* » n'est qu'une complication de l'enclouure due à l'accumulation du pus à l'intérieur de la boite cornée, pus qui vient sourdre au dehors.

----

(1) D'après **Barbieri**, *tuellus* serait l'os semi-lunaire ou triangulaire du pied.

3° — Clou de rue.

Français.— Des vives humeurs qui sont encloses aux pies du cheval. (De Villiers, ch. 146.) — Du cheval qui a pointe d'espine es pie. (Ms. fr. 2001, f° 8. Albert le Grand, l. 22.)

Bois, pierre, ou autre corps dur qui pénètre dans le pied *infra ungulam* ou *sotularen*. Ouvrir afin de donner écoulement au pus.

4° — Seime.

Latin. — Sita, seta, setula. (Ruffus, ch. 50. Rusius, ch. 132.) — De morbo sico ou sixte. (Crescens, L. 9, ch. 51.)

Italien. — Seta, setola. (Ms. ital. Rusius, n° 944, ch. 133). — Situla. (Ms. ital., n° 938.) — Sedola. (Impr. Rusto, éd. 1561, ch. 156.)

Français. — Seda aultrement sécheresse. (De Villiers, ch. 136, 153.) — Sete qui avient en l'ongle. Ms. fr. 25341, ch. 48. — Quart, quartier. (Ms. fr. 2002, f° 78.) — Fendeur de l'ongle. (Ms. fr. 2002, f° 84.) — Pies fendus. (De Villiers, 153, 154.)

Scissure (*scissura*) qui fend le sabot en long ou en travers jusqu'au tissu feuilleté « *tuellus* », d'où écoulement de sang provenant des parties vives et boiterie. Renetter *(cavetur* ou *squaretur ungula)* jusqu'aux tissus sous-jacents, c'est-à-dire jusqu'à ce que le sang commence à sourdre.

En bas latin et dans l'italien moderne *setola* signifie gerçure de la peau, crevasse.

Sete viendrait probablement de *siccus*, sec, desséché.

5° — Crapaud.

Latin. — Pinsanese, Pizzanese. (Ruffus, ch. 49. Rusius, ch. 120.) — Malpitio. (Crescens, l. 9, ch. 49.)

Italien. — Pedana (Dino Dini. L. 1, ch. 52.) — Male pinzanese (Dino Dini. L. 2. ch. 50. Ms ital. n° 459, 121.) — Pizanese, puzunese, pozonese. (Ms. ital. 454.) — Pizanese. (Impr. Rusto, éd. ital. 1561.) — Ponsonisi. (Ed. Rusius 1867.)

Français. — Malpico. Palpizon. (Crescens. Trad. fr.) — Mal Poisonez. (Ms. fr. 25341, ch. 47.) — Pincenese. Pinçanese. (Ms. lat. 1553, ch. 48.) — Malpoison. (De Villiers, ch. 134.)

Sous ces noms, si diversement orthographiés, tous ceux qui se sont occupés de « *mascalcia* » ont probablement voulu désigner plusieurs affections de nature cancéreuse ou ulcéreuse. La plupart, comme Ruffus et Rusius, en reconnaissaient deux espèces distinctes, l'une siégeant à la langue, l'autre au sabot. Dino Dini, 1, l. ch. 52, en distinguait trois variétés : celle du nez, celle de la langue et celle du sabot. Tous, du reste, s'accordent à dire que l'affection des sabots est la conséquence des premières. J'avoue ne pas saisir les rapports qui peuvent exister entre des maladies à sièges si distants. Si réellement ces deux affections étaient concomitantes leur déterminisme m'échappe. Je laisserai donc de côté le *pinsanese* de la langue et du nez pour ne m'occuper que du *pinsanese* du sabot, dans lequel je crois reconnaître le crapaud.

Tout semble l'indiquer, son caractère ambulatoire, puis ses causes signalées par les anciens hippiâtres ; longue stabulation dans une écurie sale, longue marche dans l'eau, etc., etc., et enfin son siège aux environs même de la fourchette « *in bulleto ungulare ubi carnes vivæ in ungulis conunguntur* ».

« Il est une enfermeté qui avient a plusieurs chevaux en tel lieu ou sont acoustées « les chars vives a l'ongle dou cheval. Et est encombrez aussi que s'il fust enfonduz, « et aucune foiz avient en un pie et aucune foiz en trestouz les. Et ce ceste « enfermeté avient en un pie tant seulement que le cheval nest secouruz sanz « demorance ili aviendra en trestouz les autres piez. (Ms. fr. 25341, ch. 47.)
« Et de ceste maladie en vient une très mauvaise que l'on appelle javart. (De Villiers, ch. 134.)

Comme traitement : déférer le pied malade, « *parer* » au vif le dessous de la sole, cautériser, saigner en pince et garder le pied de l'humidité et de toute souillure.

Malpizzone en italien moderne sert encore à désigner une maladie du sabot du cheval.

Mala pouison, puison, poinzon, en vieux français, *Pouzona* (esp.), *Pozione* (ital.) désignent des philtres magiques, des empoisonnements, du poison. Peut-être ces termes ont-ils été appliqués au crapaud à cause de la résistance que cette maladie offre aux divers agents thérapeutiques.

Pour quelques auteurs le *pinzanese* caractériserait une seime avec pincement des tissus, kéraphyllocèle.

Pour d'autres, le *maledictus in pede* (Rusius, ch. 133), *maledicti nel pede* (Ms. ital., n° 944), *Maudit au pied*, serait le véritable crapaud. Malheureusement, dans Rusius, la description de cette affection ne comprend que trois lignes de traitement sans aucune indication de symptôme.

6° — DÉCOLLEMENT DE LA PAROI DU SABOT.

Latin. — Mutacio ungularum. (Ruffus, ch. 59. Rusius, ch. 131.)

Italien. — De Mutatione unghie. (Ms. ital. Rusius, n° 944, ch. 132.) — Mutacione, remotatione del pede. (Ms. ital. n° 454.)

Français. — Mutacion des ongles. (Crescens, L. 9, ch. 131. Ms. fr. n° 25341, ch. 55.) — Mutation des ongles. (Ms. lat. n° 1553, ch. 58.) — Ongle cheut, chiet. (Ms. fr. 2002, f° 80.) — Cheval dessolé des ongles. (Ms. fr. 25341, ch. 56.)

Résultat de l'accumulation du pus dans la boîte cornée. Provient ordinairement, selon Crescens et Ruffus, de la maladresse des maréchaux qui ne savent pas donner à temps écoulement au pus. En général, on considérait la chute du sabot comme incurable. Néanmoins, de nombreux traitements ont été formulés : emplâtres divers autour du pied recouvert d'une chausse de cuir ou de toile, suspension du cheval, etc., etc.

Mutacion signifie métamorphose, et par extension, mue, chute.

7° — DESSOLURE. — DÉCOLLEMENT DE LA SOLE.

Latin. — Dissolatura ungularum. (Ruffus, ch. 58. Rusius, ch. 130. Crescens, l. 9, ch. 54.)

Italien. — Dissolatura solavatura. De la solatione del pede. (**Ms. ital. Rusio, n° 944, 454, ch. 131, 127.**)

Français. — Dessoleure des ongles. (Crescens, tr. fr. Ms. latin n° 1553, ch. 57.) — Cheval dessolé. (**Ms. fr. 25341, ch. 54. Ms. lat. 1553, ch. 57.**) — **Espointure des ongles. (Ms. lat. 1553. ch. 56, 57.**)

Dans le langage du moyen âge, *dessoler* signifiait extirper, arracher, et, dans le sens littéral arracher la sole du pied d'un cheval. On écrivait aussi *dessouler.*

« Com ceval dessoule ». (Ph. Mousk, p. 597. La Curne Ste-Palaye.)

Dessolé signifiait aussi, qui n'a pas de semelle. Cette expression vient probablement de *de,* hors de, *sola* sole.

Voici le manuel opératoire de cette opération chirurgicale, indiquée dans le cas d'accumulation du pus dans la boîte cornée. Inciser la sole, à son pourtour avec une renette, l'enlever avec force « *extirpo violenter extrinsecus* » et laisser saigner. Mettre ensuite sur la plaie des étoupes imbibées de blanc d'œuf et recouvrir d'un linge. Pour amollir la corne avant l'opération, Ruffus recommande d'appliquer des cataplasmes de mauve, de pariétaire, de suif de bouc.

8° — CERISE.

Latin. — Ficus. Fica. (Crescens, l. 9, ch. 57. Ruffus, ch. 55. Rusius, ch. 127, 140.)

Italien. — Fico. (**Ms. lat., 454.**) — Ficho suola. (**Ms. ital., 944, ch. 128.**

Français. — Figue sous la sole. (**Ms. fr., 25341, ch. 52. Ms. 2002, f° 31 v et 81.**) — Figue sous la sole dou pied. (**Ms. lat. 1553, ch. 55.**) — Fic. (De Villiers, ch. 41.)

Nous avons remplacé le *ficus* des Latins (figue) par le mot *cerise.* Excroissance de chair qui pousse à la surface de la sole, en forme de figue, à la suite du clou de rue, quand les maréchaux n'ont pas eu le soin d'amincir convenablement la corne autour de la partie lésée. Comme traitement, amincir, puis sectionner la cerise au niveau même de la corne. Pour arrêter l'hémorragie, appliquer de l'éponge marine ou de l'asphodèle.

9° — Javart.

Latin. — Superposita in corona pedis. (Ruffus, ch. 51.) — Superpositura. (Rusius. ch. 116.) — Supposta. (Crescens, l. 9, ch. 52.)

Italien. — Chiovardo. (Ms. ital., Dino Dini, nᵒˢ 459, 950, ch. 49, 50, 51. Ms. ital., Facio, nᵒ 938, ch. 42. 43. Ms. ital , nᵒ 26, 457. 941, ch. 46.)

Français. — Supposte en la corone. (Trad. fr. Crescens, éd. 1516.) — Supposte en la corone. (Ms. lat., 1553, ch. 51.) — Souɪposicion qui avient en la corone. (Ms. fr. 25341, ch. 49.) — Suposicion. (Guillaume de Villiers, ch. 137.) — Panare. (Ms. fr. 2002, fᵒ 73 v.)

Il s'agit probablement d'une atteinte, car les auteurs disent que cette affection arrive quand le cheval pose un pied sur l'autre. C'est ainsi que semble l'indiquer, du reste, l'étymologie *super posita*, placé sur. Mais comme ils ajoutent qu'elle peut dégénérer en cancer, en fistule, nous ne sommes pas trop éloignés de reconnaître le javart encorné. Le traitement consistait en amincissement de la corne avec une rénette, de façon qu'il n'y ait plus aucune compression ʾautour de la plaie. On applique ensuite des œufs durs chauds ou une couenne de lard brûlante.

On trouve également le mot *javart* dans l'ancien langage français comme désignation d'un chancre, d'un ulcère. Godefroy, La Curne Sainte-Palaye en citent plusieurs exemples.

« Qu'il (le cheval) n'ait javart et rongne. » (Ménagier, ii, 75, Bibl. fr.)
« Lequel Robin avoit une grande maladie que l'on appelle chancre ou *javart.* » (1448. Arch. J. J., 179, pièce 180.)

D'après Roquefort, *javarina*, en bas latin, avait le même sens.

10° — Encastelure.

Français. — Cheval qui a pies qui estraignent. (Ms. fr., 2001, fᵒ 5, v.)

Estrain vient du latin *stringere*, serrer fortement, comprimer, d'où, en français, *estrainture*, resserrement. Nous ne voyons pas bien l'origine du mot *encastelure.* Peut-être dériverait-il du vieux mot français *encasteler*, *enchasteler*, garnir d'un château fort, par allusion aux hautes murailles de pierre qui enserraient, comprimaient de toutes parts l'espace réservé au logis.

On parait le pied jusqu'au sang et on cautérisait au fer chaud. Si le pied *estraigne* encore, mettre un fer à deux ou quatre clous ; appliquer des cataplasmes et envelopper le pied de cuir.

11° — Phlegmon coronaire.

Latin. — De spumaturis ungularum.

Français. — Corne qui escume. (Rusius, ch. 129.) — Humeurs qui descendent aux pieds. (De Villiers, ch. 146, 147.) — Du pus avalé par morfondure, nᵒ 141.

Italien. — Del spumatura dell unghia. (Ms. ital., 944, ch. 130, n° 544, ch. 56.)

Probablement le pus qui fuse aux poils. Déferrer et parer le pied, amincir les talons, mettre un fer large à quatre clous.

12° — Ulcération de la couronne. Mal d'âne.

Latin. — Grisaria. (Rusius, ch. 114.)

Italien. — Grizaria. (Ms. ital., n° 944, ch. 115.)

Français. — Grisaire.

Maladie qui vient sur la couronne ; considérée comme incurable, surtout quand elle est invétérée. Barbieri croit que c'est le mal d'âne.

13° — Blessure aux talons.

Latin. — Pœmia. Clavardo seu aquarola. (Rusius, ch. 118.)

Français. — Pœne. Clavard ou Aquarole. Ms. fr.. 2001, f° 6. — Panarre. (Ms. fr., 2002, f° 73 v. — Talon blecie. (De Villiers, ch. 148.)

Fer, pierre ou bois qui atteignent le cheval derrière le pied, près de la corne, d'où suppuration.

14° — Forme.

Latin. — Furma. Forma. Formelli. (Ruffus, ch. 45. Rusius, ch. 106. Crescens, l. 9, ch. 50. Rusius, ch. 106.)

Italien. — Furma. (Ms. ital.. Rusius, n° 944, ch. 107. Ms. ital., n° 940. Facio, ch. 69. Ms. ital , n° 454, 938, ch. 45, 87.)

Français. — Forme. Fourme. Furine. (De Villiers, ch. 130. Ms. fr., 2002, f° 84, 25341, ch. 43. Ms. lat., 1553, ch. 44. Trad. fr. (Crescens, éd. 1516. Ms. fr., 2002, f° 84.)

C'est bien la forme, cette tumeur, dure, naissant à la couronne, à la suite de coups ou chocs contre des corps durs. Récente, disent les hippiatres, elle cède facilement au traitement ; mais, quand elle est invétérée, elle grossit, devient plus dure et de plus en plus douloureuse.

C'est le *marmor* des Latins. Mais on ne voit pas bien l'origine du mot forme qui, au moyen âge, avait des significations diverses : table, limite de champs, selle, réceptacle d'eau, forme de soulier, moule, etc., etc.

15° — Mollettes.

Latin. — Gallae. (Ruffus, ch. 39. Rusius, ch. 109. Crescens, l. 9, ch. 44.) — Moleta. (Ducange, t. 4, p. 469.)

Italien. — Galle. (Ms. ital. Rusius, n° 944, ch. 110, f° 63, v. n° 938, f° 28 et 454. ch. 39.)

Français. — Galles et Mollettes. (Guillaume de Villiers, ch. 122.) — Gales. (Ms. fr. 25341, ch. 37. Ms lat. 1553, chap. 39. —Gales. (Ms. fr. 2001, f° 7. Rusius, ch. 109.)

Gonflements sous forme de « *vesicæ* » de la grosseur d'une noisette, d'une noix et même plus, qui viennent autour de l'articulation du pied « *circa juncturas crurium juxta ungulas* ». Il est plus que probable que ce sont les mollettes. Les hippiatres reconnaissent plusieurs causes productrices de cette affection, entre autres l'emploi exagéré comme chevaux de selle des jeunes chevaux. Rusius même admettait l'hérédité, les parents atteints de cette maladie pouvant la transmettre à leurs descendants. Traitements nombreux. Incision et extirpation des vésicules, opération bientôt abandonnée à cause des dangers qui en résultaient, ablutions d'eau froide, cautérisation, barrement de la veine.

Le mot français *gales*, *galles* vient du latin *galla*, noix de gale, excroissance.

Quant à l'expression *moleta*, on la trouve dans Ducange, t. 4, p. 469 :

« Eo quod ipse equus in suis tibiis *moletas* habebat, ut ab eis valet curari, « ipsum adduxit in domo cujusdam hominis, vocati le mareschal de Goclefin. » (Litt. remiss., an. 1368, in Reg. 99. Chartoph, reg., ch. 519.)

Elle avait, du reste, diverses significations : roue d'éperon, mensuration agraire, mesure de liquides, pilon, poulie, etc., etc.

Mais peut-être y a-t-il là un mot mal orthographié de la part du copiste, car, dans Guillaume de Villiers, *mollettes* s'écrit avec deux *ll*, ce qui paraîtrait plus rationnel et la ferait dériver de *mollis*, *mollitus*, mou, mollet, en raison même de la mollesse de cette dilatation synoviale.

II. — MALADIES DES MEMBRES

A. — Maladies des rayons osseux.

1° — Suros.

Latin. — Super ossa. Supra ossa. Suprossi. Super os. (Ruffus, ch. 37. Rusius, ch. 108. Crescens, l. 9, ch. 40. Albert le Grand, l. 22.)

Italien. — Suprosso. Supra osso. (Ms. ital., facio, n° 938, ch. 37. — Supra ossi. (Ms. ital., n° 454, ch. 37. n° 938, ch. 70, 98.) — Soprosso. (Ms. ital., n° 940, ch. 48, 110, 80, 55.) — Sopra li ossi. (Ms. ital., n° 944, ch. 109, p. 56)

Français. — Suros. (Guillaume de Villiers, ch. 117, 118, 119.) — Suros, soubs ru. (Ms. fr. 2002, f° 70.) — Soros. Souros. (2001, f°° 7 et 21.) — Suros. (25341, ch. 35. — Scuros. (Ms. lat. 1553, ch. 36.)

Comme étymologie, comme symptômes, le *supra ossa*, *super os*, sur les os, est bien le suros. Ce sont, disent les auteurs, de petites tumeurs osseuses qui viennent le long des os des membres, principalement sur ceux des poulains, à la suite de coups de pieds. Les traitements indiqués sont nombreux. Quand le suros est récent, raser « *abrado* » les poils et appliquer des cataplasmes émollients. S'il est ancien, « *vetusta et dura* », le scarifier « *scorta-zetur* » avec la lancette ou bien le perforer avec une alène. A ce propos, il est bien recommandé de faire bien attention, car il y a des maladroits « *impe-riti* » qui blessent l'articulation. Dans d'autres cas, les hippiatres fendaient un bâton à une de ses extrémités, introduisaient dans l'échancrure un linge renfermant des excréments de bélier, du sel, du miel, et l'appliquaient à chaud sur le suros jusqu'à ce que la peau commence à blanchir. En dernier lieu, on avait recours à la cautérisation. Rusius la déconseille, car il a vu, dit-il, le mal empirer à la suite de l'application du feu par des opérateurs maladroits. Il recommande de soigner les suros dès qu'on s'aperçoit de leur présence, car si on les laisse s'indurer et grossir, la guérison devient diffi- cile, sinon impossible. En dernier lieu, il conseille cependant de raser la peau jusqu'à ce que la surface soit enlevée « *abrado fortissime itaque cutis superficies removeatur* », puis de cautériser.

Guillaume de Villiers recommande divers traitements, entre autres les suivants : scarifications à la lancette, frictions avec le « *brochoir à mares- chal* », application d'onguent rouge fait de miel et de vert-de-gris; mais, selon lui, « *l'argent vif sublimé est le superlatif et le plus brief remède* ».

Le *soubros en la mancelle* est une exostose du maxillaire ou un calcul salivaire. (Guillaume de Villiers, ch. 118, 119.)

<h3 style="text-align:center">2° — ÉPARVIN.</h3>

Latin. — Spavanus. Spavenns. (Ruffus, ch. 34. — Rusius, ch. 103. — Crescens, l. 9, ch. 37.)

Italien. — Spavani. (Ms. ital., n° 454, ch. 34, f° 56.) — Spavani. (Ms. ital., n° 944, ch. 104.)

Espagnol. — Sparvayns. (Ms. esp., n° 212.)

Français. — Espervaing. (Guillaume de Villiers, ch. 113.) — Espavain. Espa- veins. Espavain. (Ms. fr., n° 2001, f° 7, n° 25341, ch. 32.) — Espaving. (Ms. fr., n° 2002, f° 86.) — Espaves. (Ms. lat., n° 1553, ch. 35.)

« Une maladie vient au cheval qui s'appelle *espervaing* laquel vient en dedans
« le jarret de la jambe du cheval de derrière ou en aultre lieu, si commance à
« venir maiz se monte et se forme jusques au genoil et dedans le plit du jarret
« et par ceste maladie vient une enfleure à l'antour de la maitresse veine dite
« fontanelle et antour du jarret. « (De Villiers.)

Traitements divers : saignées, emplâtres, cautérisation, barrement de la veine.

C'est bien de *spavanus* que dérive l'italien *spavenio* et le français *éparvin*. L'étymologie ne nous est pas connue.

Au moyen âge, les mots *esparveigner, espaveigner, espavegnier, espeve gnier*, signifiaient se donner un éparvin, s'écloper.

« A une mote m'ahurtay
« Jus tumbay et *m'esparvelynay*
« Et neantmoins ne suis marrye
« D'avoir en ceste clocherie. »

(Deguilleville, Trois pèlerinages, f° 62 (Godefroy.)

3° — COURBE.

Latin. — Curva. (Albert le Grand, l. 22. Crescens, l. 9, ch. 38.) — Curba. (Ruffus, ch. 35. Rusius, ch. 105.)

Italien. — Corba. (Ms. ital., 454, ch. 35.) — Curba. (Ms. ital., n° 944, ch. 106, 58 v.)

Français. — Courbe. (De Villiers, ch. 114. Ms. lat. 1553, ch. 36. Ms. fr. 2002, f° 85.) — Corbe. (Ms. fr. 25341, ch. 33.) — Corbes. Corbe. (Ms. 2001, fol. 8 et 24.)

Affection qui, d'après les hippiatres, vient en dessous de la tête du jarret « *a capite garecta* » à la partie postérieure « *en dessoubz le chief du jarret sur le maistre nerfz de la jambe* ». Cette altération, ajoutent-ils, prend naissance quand on chevauche un cheval trop jeune, quand on le charge plus qu'il ne faut, tant que « *le nerf en devienne courbe et pour ce est appelée ceste maladie courbe* ». La racine de cette expression serait donc *curvus,* courbe.

4° — EXOSTOSE DU JARRET.

Latin. — Spinula. (Ruffus, ch. 36.) — Spinella. (Rusius, ch. 107. Crescens, l. 9, ch. 39.)

Italien. — Spinuli. (Ms. ital., n° 454, ch. 36.) — Spinelle. Spinule. (Ms. ital., n° 944, ch. 108, f° 59 v.)

Français. — Espine. (Ms. n° 25341, ch. 34 et Guillaume de Villiers, ch. 116.) — Espinelle. (Ms. lat. n° 1553, ch 36. Trad. fr. de Crescens, éd. 1516.)

Vient au jarret « *sublus garecta* » autour de l'articulation, de chaque côté « *in utroque latere* », sous forme de suros très durs, de la grosseur d'une noisette. Cautérisation en raies profondes.

Espine, Espinée, Espinel signifient touffes d'épines, lieu plein d'épines, d'où peut être exostose par suite de l'accumulation en touffes, en buissons, des excroissances osseuses.

B. — Maladies des articulations.

1° — LUXATION COXO-FÉMORALE. — FRACTURE DE L'ILIUM.

Latin. — Lœsio ancæ. (Ruffus, ch. 28.) — Morbus sculmatus. (Crescens, l. 9, ch. 33. — Equus scalmatus. (Rusius, ch. 93.)

Italien. — Lœsio delle ancha. (Ms. ital., n° 454, ch. 28. — Cavallo scalmato ou malo de anche. (Ms. ital. n° 944, ch. 94, f° 49 v.)

Français. — Bleceure de la hanche. Blecheure de la hanche. (Ms. lat. n° 1553, ch. 28. Ms. fr., n° 25341, ch. 27.) — Quand l'os de la hanche est sorti de son lieu. (Ms fr. n° 2002, f° 63 v.) — Dislongacion et desionctures es jambes et épaules. (De Villiers, ch. 65. Ms. fr. n° 25341, ch. 40.) — Hanche bléciée. (Ms. fr. n° 25341, ch. 27.) — Cheval qui a le hanche. (Ms. fr. n° 2001, f° 8 v.) — Desjointures de la jambe de derrière. (Ms. fr. n° 25341, ch. 40.)

Dans l'italien moderne, le mot *sculmato* sert encore à désigner l'effort de la hanche qui se dit aussi *ancha, anca*. D'après les hippiatres, cet accident serait la conséquence du déplacement de la tête du fémur « *ancæ* » du lieu où elle doit se trouver. Cela arrive quand le pied du cheval glisse outre mesure ou quand le sabot tourne sur le sol « *pes versus terram premitur indirecte* » ou quand les pieds antérieurs sont liés aux postérieurs « *quando pedes posteries retinis anterioribus vinculantur* ».

Cautérisation en étoile « *stellecta* » sur la hanche. Emplâtre restrinctif; sétons à la cuisse. Imprimer le plus souvent possible un mouvement de rotation à la jambe, moyen assez original pour la remettre en place.

Les symptômes peuvent aussi se rapporter à la fracture de la tubérosité externe de l'ilium.

2° — Effort de l'épaule.

Latin. — Lœsio spatulæ. Spallatus. (Ruffus, ch. 29. Rusius, ch. 90.) — Morbus spallaturum. (Crescens, l. 9, ch. 34.)

Italien. — Dello spallato. (Ms. ital., ch. 91, 49 v.) — De la lœsione del spallato. (Ms. ital. n° 454, ch. 29, n° 940, ch. 113.)

Français. — Cheval refoulé ou blessé en l'épaule. (Ms. fr. 2001, f° 9.) — Eslongacion de la jointure es épaule. (De Villiers, ch. 65.) — Bleceure de l'espaule. (Ms. fr. 25341, ch. 28.) — Blecheur de l'espaulle. (Ms. lat. 1553, ch. 29.)

Même étiologie, mêmes symptômes, même traitement que pour la luxation coxo-fémorale. Peut aussi se rapporter aux blessures de harnachement.

Eslongation dans le langage médiéval signifie éloignement de...

3° — Effort de boulet.

Latin. — Extortilliatura. Stortilliatura. (Ruffus, ch. 42.) — Excortillate. Scortilature. Morbus scortilatus. (Crescens, l. 9, ch. 42.) — Scorcilliatura. Scordatura. Scorcilliatus. Scorciatus. (Rusius, ch. 95.)

Italien. — Stortilliatura. Scossiatura. (Ms. ital., n° 944, ch. 96, f° 50.) — Stortigliatura. (Ms. ital. n° 454, ch. 42.)

Français. — Desjointure de la jambe. (Ms. fr. n° 25341, ch. 40.) — Excortillate. Scortilature. (Crescens. Trad. fr.) — Estorce. Estorse. Storce. Extorse. Essortilliez. (Ms. fr. 2001, f° 6 v.)

« Lequel hourt est bon pour garentir le cheval ou destrier d'espauler contre le
« hurt quant on vient de choc et préserve aussi la jambe du tournoyeur de toutes
« estorces. (Roi René. Traictié de la forme d'un tournoy. Œuv. II. 14. Godefroy). »

Ruffus, Crescens, Rusius, disent : il arrive souvent que l'articulation du membre postérieur « *junctura cruris posterioris* » jouxte le pied est blessée par suite d'une percussion violente sur un corps dur ou par la précipitation du cheval dans la course. C'est un lieu délicat, ajoutent-ils, nerveux, enchevêtré de vaisseaux, et élevé à cause de la réunion des os, aussi y a-t-il boiterie intense à la suite de cet accident. Si l'os est luxé, ils conseillent de recourir au compagnon maréchal « *socius* » qui levera l'autre pied et l'attachera solidement à la queue. Par suite de la pression du pied malade sur le sol, ils espéraient que l'os luxé rentrerait en place. En cas de guérison impossible par ce moyen, cautériser.

Les diverses expressions mentionnées pour désigner l'effort du boulet sont probablement des corruptions du mot latin *extortus* qui a pour signification : déboité, luxé.

4° — VESSIGONS.

Latin. — Jerda. (Rusius, 104.) — Jarda. (Ruffus, ch. 33.) — Zarda. (Crescens, l. 9, ch. 36.)

Italien. — Iarda. (Ms. ital. n° 454, ch. 33.) — Gerda. (Ms. ital. n° 940, ch. 49, 39, n° 938, p. 13.) — Yerda. (Ms. ital. n° 944, ch. 105, f° 56, v.)

Français. — Zarde au jaret. (Ms. lat. n° 1553, ch. 34.) — Jarde. (Guillaume de Villiers, ch. 115.) — Jarde au jarret. (Ms. fr. n° 25341, ch. 31.)

Nous avons vu en parlant des Arabes que le mot *Djard* ou *Djarad* pouvait être d'autant mieux considéré comme l'étymologie du mot jarde que la description qu'en donne Abou Beckr se rapporte exactement à cette tumeur osseuse du jarret. Il est curieux de constater que les hippiatres du moyen âge, tout en adoptant cette expression, en ont falsifié le sens, en l'appliquant à une affection de nature différente. La *jerda* vient bien chez les jeunes chevaux soumis à des travaux immodérés, au jarret « *ad garecta crurium* », mais, ici c'est « *une tumeur molle, grosse comme une noix ou un œuf débordant intus et extra* ». Il nous semble bien qu'il ne peut être question dans ce paragraphe que de vessigon ou d'abcès. Traitements nombreux. Cautérisation en lignes perpendiculaires ou obliques. Mettre un collier, fait de bâtons, au cou du cheval pour l'empêcher de se gratter. Barrement de la veine, etc., etc.

C. — Maladies des tendons.

Latin. — Nervus intriconatus. (Rusius, ch. 175.) — Nervus contritus. (Rusius, ch. 174.)— Nervus incisus. (Rusius, ch. 173.)— Dolor, tumor, indignatio nervorum. (Rusius, ch. 176.)

Français. — Nerf mauvais ou trenchiez. (Ms. fr. n° 2001, f° 13. Ms. fr. n° 2002, f°° 71, 72.)

7

Sous ces dénominations sont décrites très succinctement les diverses affections des tendons que les hippiatres du moyen âge, continuant l'erreur de leurs devanciers, désignaient sous le nom de nerf « *nervus* ». En cas de déchirure tendineuse « *nervus incisus* », Rusius conseille de recoudre les deux bouts avec un fil de soie ou de crin, puis d'appliquer des cataplasmes de lombrics frits dans l'huile, vers dits : *isculi, lumbrici,* qu'on trouve dans les matières excrémentitielles du cheval. Si le tendon est coupé transversalement, la guérison est difficile. Dans les contusions, cautériser en cercle « *circulus* » de façon que les douze raies de feu convergent vers un point central.

NERF-FERURE.

Français. — Narfferu. (Godefroy.) — Nerf-feru. (De Villiers, ch. 120.)

Viendrait de *nervus* (tendon), *feritus* (frappé).

Les causes seraient, d'après De Villiers, des contusions diverses sur le tendon ; chevaux qui se coupent, etc.

Traitements divers :

« Que le cheval soit ferré d'un fer à potence et à planche et que la potence soit « de 3 dois de hault et que le fer soit mis et attache au pie du cheval. C'est « assavoir du pie la ou n'est point la maladie afin qu'il puisse bien eslongne la « jambe la ou est le nerferure. Et qui cestui fer soit tenir jusques a 18 jours. « Ostez ledit fer a potence et le faicles mestre devant la porte de l'eglise sainct « Eloy et luy fetes faire une offrande ce que bon vous semblera. »

Bains de rivière.

D. — **Maladies de la peau, des muscles, etc., etc.**

1° — PLAIES PAR PÉNÉTRATION DE CORPS ÉTRANGERS.

Latin. — Lœsio spinae. (Crescens, l. 9, ch. 43.) — Spina vel truncus ligni ad crura intrans. (Ruffus, ch. 44. Rusius, ch. 170.)

Français. — Bleceure d'espine ou d'aulcun boys. (Crescens, trad. fr.) — D'espine ou d'escot entré es jambes. (Ms. fr. n° 25341, ch. 42. Ms. lat. n° 1553, ch. 43. Ms. fr. 2002, f° 93.) — Blessé au genoil. (Ms. fr. 2001, f° 8.) — Estocqué. (La Curne Sainte Palaye.) — Escouture. (De Villiers, ch. 129.)

Epine, chicot d'arbre, pénétrant dans le pied et les membres, d'où boiterie, gonflement de la région. Raser la plaie. Appliquer des cataplasmes de miel et de têtes de lézard « *lacerta* » broyées avec des racines de roseau ou de dictame, de limaçons « *limaciae* » broyés et frits dans du beurre « *toutes choses qui feront sortir les espines* ».

2° — BLESSURE ANTÉRIEURE DU JARRET.

Latin. — Lœsio falcis. (Rusius, ch. 102. Crescens, l. 9, ch. 18.)

Italien. — Lœsio delle falze. (Ms. ital. n° 944, ch. 103, f° 55, n° 454, ch. 20.)

Français. — Falque ou mal de jambe. (Guillaume de Villiers, ch. 111. 112, 143.)
— Bleceure de la falque. (Ms. fr. n° 25341, ch. 29.) — Blecheur de la faus. Ms.
lat. n° 1553, ch. 30.)

Falx (faux, faucille) désignait aussi la face antérieure du jarret, courbée
comme une faux. En italien moderne, cette partie du jarret porte également
le nom de *falce, falcia.*

Les accidents survenant dans cette partie si délicate « *nervosus et
carnosus* » seraient la conséquence de coups de pieds ou de la pénétration
d'épines ou autres corps étrangers. Comme traitement, raser la partie atteinte
et appliquer des cataplasmes. S'il y a tuméfaction ou des abcès, ponctionner
avec un cautère pour donner écoulement au pus.

3° — Contusion des muscles de la région scapulo-humérale.

(Albert le Grand, 1. 22).

Raser les poils. Onctions d'huile chaude ou de lard chaud. Si l'inflammation passe à l'état chronique, fendre la partie tuméfiée de haut en bas. Si
l'engorgement est près du cou, poser des sétons.

4° — Œdème des membres.

Latin. — Inflatio crurium. (Ruffus, ch. 43. Rusius, ch. 97.)

Français. — Enfleure des jambes. (Ms. fr. n° 25341, ch. 41. Ms. n° 2002, f° 69,
71, 87. De Villiers, ch. 127. Ms. lat. n° 1553, ch. 32, 42.) — Blecheure, enfleure
des cuisses. (Ms. lat. n° 1553, ch. 32, 42.)

Barrement de la veine. Application d'un liniment composé de craie
blanche, de vinaigre et de sel. Cautérisation.

5° — Blessures de harnachement.

Latin. — Spallatiæ. (Albert le Grand, 1. 22. Ruffus, ch. 34.) — Spallaciæ.
(Rusius, ch. 84. Crescens, 1. 9, ch. 30.)

Italien. — Del spallacii. (Ms. ital. n° 944, ch. 85. 46. v.)

Français. — Espalaces. (Trad. Crescens.) — Palaces. (Ms. fr. n° 25341, ch. 24.)
— Espales tranchées, incisées. (Ms. fr. n° 2002, f° 53, 54.) — Spalatives. (Ms. lat.
n° 1553, ch. 24.) — (Voir effort de l'épaule.)

Ce sont des abcès, des gonflements, des excoriations dus à l'appui du
collier au sommet des épaules.

En italien moderne, *spallacce* signifie enflure, callosité située aux épaules
« *spalla* » du cheval. Cependant cette expression pouvait également s'appliquer aux fractures, aux luxations de l'épaule. On en rencontre de nombreux
exemples dans la littérature médiévale.

On dit d'un paillasson qui se mettait au devant du cheval.

« Est bon pour garentir le cheval ou destrier d'espauler contre le hourt. »
(La colomb Th. d'Honor. I. 59. La Curne Sainte-Palaye.)

Espalar en provençal signifiait : fracture ou luxation de l'épaule, violente contusion dans cette région.

Soun chivau s'espalat (Honorat).

6° — ENCHEVÊTRURE.

Latin. — Incapistratura. Encapestratura. (Rusius, ch. 117.)

Italien. — Cavalle incapistrato. (**Ms. ital.** n° 940, ch. 138.) — Incapestra. (**Ms. ital.** facio, n° 938, ch. 55, p. 17.) — Incapistratura. (**Ms. ital.** n° 944, ch. 118, fol. 73. v.)

Incapestratura sert encore à désigner l'enchevêtrure dans l'italien moderne. Elle tire son étymologie de *in* dans, *capistro* licol. C'est la prise du membre antérieur ou postérieur dans la longe ; d'où plaie au paturon « *in pastura* ». Souvent même la blessure est profonde et met à nu les tendons « *nervus* ». Elle présente alors une certaine gravité. Si l'enchevêtrure est peu profonde et de date récente, appliquer dessus une tresse de laine tondue, enduite de suif de mouton.

Enchevestrer au moyen-âge signifiait mettre sous le joug, porter un licou.

7° — ATTEINTE.

Latin. — Attincto. Attinctio. (Ruffus, ch. 38. Rusius, ch. 110.) — Attactus. (Albert le Grand, l. 22.) — Attractio. (Crescens, l. 9, ch. 41.)

Italien. — Accinto. (**Ms. ital.** n° 944, ch. 111, f° 65.) — Attinto. (**Ms. ital.** n° 457, ch. 22, n° 454. ch. 38, n° 940, p. 50. 70, 85, 61, 90, 40, 101, n° 938, ch. 40, p. 14, ch. 41, ch. 76, p. 24, ch. 88, p. 29.)

Français. — Attainture. Ataincture. (**Ms. fr.** 2001, f° 24.) — Cheval ataint. (**Ms. fr.** 25341, ch. 36.) — De l'armors ou del ataint. (**Ms. lat.** 1553, ch. 37.)

Toutes ces expressions correspondent bien à notre mot *atteinte*, de *attactus*, *attingo*, touché. Tous les anciens auteurs s'accordent du reste à reconnaître que cet accident survient pendant la marche, lorsque le cheval frappe ou atteint vivement le membre antérieur.

Saignée à la face interne du membre, fomentations, cautérisation en gril, scarifications. D'autres auteurs préconisent un cataplasme original ; un coq coupé en deux tout vivant et mis encore chaud avec ses entrailles sur l'atteinte.

8° — DU CHEVAL QUI SE COUPE, QUI FORGE.

Latin. — Interferitura. (Rusius, ch. 119.)

Français. — Se Mesmarcher. Mesmarcheure. Mespassure. (La Curne Sainte Palaye.) — Cheval qui s'entretaille. (**Ms. fr.** n° 2002, f° 77. v.) — Cheval qui s'entrefère. (De Villiers, ch. 120.)

C'est encore une variété d'atteinte. Quand le cheval marche trop étroitement « *nimis stricte* » des membres antérieurs ou postérieurs, il se coupe « *interferit* », d'où boiterie.

Si le cheval se coupe en dedans avec le pied postérieur, enlever de la corne beaucoup plus du côté externe, « *calcaneum ferri extra pedem aufe-ratur* ». Certains plaçaient un anneau de fer « *annulum* » intérieurement, entre le talon et le fer, afin que le cheval ait plus d'écartement dans le jeu des membres postérieurs.

L'expression de *mesmarcher, mesmarcheure, mesmarchevre* a été fréquemment employée au moyen âge pour désigner les chevaux qui se coupent ou marchent de travers.

« Et en celle maniere est mis en la mercy d'un cheval et d'une beste irraison-
« nable qui peut estre portée à terre par une dure atteinte, ou choper à part soy,
« ou *mémarcher*. (Oliv. de la marche. I. 21.)
« Si vous voyez que du pied de derrière il se memarche, c'est-à-dire qu'il donne
« dedans celui de devant ». (Charles IX. Livre de la chasse. p. 98, éd. 1625.)

Mémarchure comme *mespassure* désignait mal marcher et aussi faire un faux pas.

9° CREVASSES.

Latin. — Crepatio. Crepaciæ. (Ruffus, ch. 41, 46. Crescens, l. 9, ch. 46. Rusius, ch. 112. 113.) — Mulæ seccatiæ ou seratiæ. (Rusius, ch. 115.)

Italien. — Crepaze. (Mauro et Marco.) — Lebra. (ippocrate indien.) — Reste. Mule. (Theoderic.) — Crepaccie. (Ms. ital. n° 944, ch. 113.) Crepaze pel traverse. (Ms etal., n° 944, ch. 114.)

Français. — Crevaces. (Ms. fr. 25341, ch. 39, 44. De Villiers, ch. 123.) — Cra-passes. (De Villiers, ch. 125.) — Craces. (Ms. fr. 2001, f° 6. v.) — Crepaches, Cre-paches de travers. (Ms. lat., 1553, ch. 40, 41, 45.) — Mules traversainnes. (De Villiers, ch. 131. Ms. fr. 2001, f°s 6, 7, 22.) — Fendaces. Fendache. Fendasse. (Godefroy.) — Malandre. Malangre. (De Villiers, ch. 132.)

Voilà bien des expressions pour désigner les crevasses. Il ne faut pas s'en étonner car les hippiatres du moyen âge ont appliqué cette dénomination à toute rupture de la peau avec suintement de liquide, quel que soit son siège, quelles que soient ses causes. Ils ont donné le nom de *crepaciæ* aussi bien aux crevasses proprement dites qu'aux gales, aux phthiriases invété-rées de l'extrémité inférieure du membre, aux eaux-aux-jambes. En géné-ral, le mot *crepaciæ* est l'analogue du *crepaccio* de l'italien moderne qui s'applique aux crevasses. Les *mulæ* ou *mules* seraient des crevasses avec induration.

« Il ha les mules traversainnes
« Qui ne sont pas en yver sainnes. »
(La Curne Sainte-Palaye.)

Les auteurs du moyen âge décrivent plusieurs sortes de crevasses suivant le siège qu'elles occupent : les crevasses du pli du paturon « *junctura cruces et ungulas* » qui produisent un prurit « *ardor* » si intense ; les crevasses transversales « *crepatiæ transversæ* » ou « *ex transverso* » du bourrelet, qu'ils considéraient comme les plus graves ; les crevasses du talon *mulæ*, etc., etc.

Ils les attribuaient, surtout les crevasses au talon, à la marche pendant les temps froids dans les terrains boueux, tout en admettant qu'elles pouvaient se produire, mais rarement, au printemps et même en été. Ils basaient leur diagnostic, même au début de la maladie, sur l'espèce d'horripilation produite sur les poils de la région atteinte.

Comme traitement, ils recommandaient les scarifications, les incisions sur la peau, le barrement de la veine, les emplâtres de chaux vive, de sel et de vinaigre. Dans les *mules* invétérées, ils conseillaient l'incision du pied en talon, en arrière, au-dessus de l'articulation, afin de donner écoulement à une espèce d'humeur coagulée, visqueuse, comme la gomme d'un arbre « *sicut exit gummi ex arbore viscosus et coagulatus* ».

Malandre, Malendre, Mallandre ont été employées pour désigner des crevasses situées au pli du genou.

« Et gardez bien qu'il n'ait malandres, malandres est dedans le garret derrière. » Ménagier, II. 74. Bibl. fr. Palsgrave. Esclaire, p. 242.)
• Une belle et honneste monture, saine, nette, sans surost et sans mallandre. » (Brant. des dames. XI, 91.)

Dans la Manche, le pays de Bray, malandre désigne, en général, des ulcères, des pustules. Roquefort croit que cette expression dérive du bas latin « *malandria* », qui signifiait espèce de lèpre ou une maladie du cheval décrite par Végèce.

10° — EAUX AUX-JAMBES.

Latin. — Grappæ. (Ruffus, ch. 40. Rusius, ch. 111. Crescens, l. 9, ch. 45.

Italien. — Grappe. (Ms. ital., n° 944, ch. 112.)

Français. — Grappes. (Ms. fr. 2001, f° 11, v. De Villiers, ch. 124. Crescens trad. fr., éd. 1516. Ms. lat., 1553. ch. 38.) — Grapes. Ms. fr. 25341, ch. 38.)

Les *grappes*, comme les crevasses, pouvaient être le résultat d'affection psoriques ou pédiculaires.

Les symptômes qu'en donnent les auteurs du moyen âge, la dénomination même de l'ancien mot français *grappe*, appliqué autrefois aux eaux-aux-jambes, nous autorisent à supposer qu'il s'agit bien ici de cette affection.

Bien que considérant les eaux-aux-jambes comme étant d'une guérison difficile, les hippiatres n'en préconisent pas moins de nombreux traitements, parmi lesquels nous citerons la cautérisation, l'application d'un emplâtre de chaux vive et d'orpiment.

11° — CRAMPE.

Français. — Crampe. (Ms. fr. 2002, f° 65. Ms. fr. 25341. ch. 45.

Contraction des membres qui sont comme engourdis. Engourdissement qui prend au jarret et fait traîner la jambe.

Crampe était aussi synonyme de goutte.

E. — Divers.

1° — PIED PANARD.

Latin. — De ungulis obliquis ac pedibus. (Ruffus, ch. 16. Rusius, ch. 100, 121.)

Italien. — Unghia torta.

Français. — Ongles tors. (Ms. lat., 1553.)

Vice de naissance, jambes tordues de dedans en dehors. Ferrer fréquemment, parer le pied et adapter le sabot au fer. Pour éviter l'entretaillure, appliquer un fer plus épais en dehors qu'en dedans.

2° — PIED CAGNEUX.

Italien. — Gambe torte. (Ms. ital., n° 454.) Tortezza de la gambe. Ginocchia bovine. (Crescens, l. 9, ch. 9.)

Pieds tordus en dedans, de sorte qu'ils frappent l'un contre l'autre pendant la marche. Faire trois raies de cautérisation sur les jambes. Par suite du frottement, il se formera une plaie douloureuse qui forcera l'animal à écarter les jambes.

3° — DIAGNOSTIC DES BOITERIES.

Ruffus, ch. 65, Crescens, l. 9, ch. 58, donnent un aperçu des diverses boiteries et des principaux caractères qui les différencient. Nous les indiquerons sous toutes réserves.

Le cheval qui boite du membre antérieur et pose toute la surface du pied sur le sol souffre d'un mal situé ailleurs que dans le pied.

Le cheval qui boite et ne plie pas les articulations en posant le pied sur le sol souffre des articulations.

Le cheval qui boite d'un membre antérieur, qu'il déplace par des mouvements circulaires plus étendus dans un membre que dans l'autre, souffre des épaules. Le même genre de boiterie dans le membre postérieur indique que le cheval est malade de la hanche.

Le cheval qui boite du membre antérieur et tend le pied malade en avant au repos, afin de ne pas s'appuyer sur le membre boiteux, souffre de la jambe.

III. — MALADIES DES RÉGIONS ABDOMINALES ET THORACIQUES

1° — HERNIE INGUINALE.

Latin. — Inflatio testiculorum. (Ruffus, ch. 20. Rusius, ch. 97.)

Français. — Enfleure des couilles. (De Villiers, ch. 78, 85.) — Enfloison des couilles. (Ms. fr. n° 25341, ch. 10.) — Enfleure des coillons. (Ms. fr. n° 1553, ch. 10.) — Couillons enflés. (Ms. fr. 2001, f° 11. v. Ms. fr. 2002, f° 40.)

Sous ces noms, les hippiatres ont décrit deux maladies, l'orchite et la hernie inguinale. La plupart des symptômes paraissent cependant se rapporter à la hernie. Ruffus et Rusius disent, en effet, que cet accident peut survenir à la suite de violents efforts pour tirer une charge, d'où rupture de la membrane péritonéale et descente des intestins dans la gaine scrotale. « *Casum intistinorum in oscum,* en langue vulgaire *bursa* (bourse). Ils remédiaient à l'orchite proprement dite par des bains rafraîchissants, des applications de craie et de vinaigre. Dans la hernie inguinale, ils avaient recours à la castration. Ils considéraient cet accident comme fort grave et prétendaient que la rupture du péritoine *pellicula* (Ruffus), *Sipha* (Rusius) était incurable.

<h3 style="text-align:center">2° — BLESSURE DE HARNACHEMENT.</h3>

Plaie produite par la constriction de la sangle. (Albert le Grand, ch. 22.)

<h3 style="text-align:center">3° — BLESSURE DE L'ÉPERON.</h3>

Latin. — De punctura calcarium. (Rusius, ch. 101.)

Français. — Des poinctures des esperons. (De Villiers, ch. 58. Ms. fr. n° 2001, f° 14. n° 2002, f° 68, 69.)

Les cavaliers du moyen âge, armés de pied en cap, portaient de massifs éperons, longs et pointus, qui pouvaient occasionner de sérieuses blessures. Dans les cas bénins, de tuméfaction légère, raser les poils et appliquer des cataplasmes émollients. S'il y a abcès, ouvrir et introduire dans la plaie un tampon de *stuellus* ou *stupigium* de cyclamen, d'étoupes enduites de savon noir (*sapone judaïco*).

<h3 style="text-align:center">4° — ÉVENTRATION.</h3>

Français. — Esbraones. (Godefroy. Roquefort. Ms. fr. n° 2002, f° 6. v.)

Esbraouer signifie éventrer, mettre en pièces. (Godefroy.)

<h3 style="text-align:center">5° — FRACTURE DES CÔTES.</h3>

Français. — Rompeure d'une coste. (Ms. fr. n° 2002, f° 91. v.)

« Prendre grosses tenailles que couppent point afin de non tailler le cuir. De
« costé que la coste est rompue tirez le cuir avec lad. tenaille jusques à tant que
« vous verrez que lad. coste est aussy haulte que les autres. Mettre ensuite
« emplâtre restrinctif. »

<h3 style="text-align:center">6° — DÉCHIRURE MUSCULAIRE AU POITRAIL.</h3>

Latin. — De equo aperto ante. (Rusius, ch. 92.)

Français. — Grièvement dou piz. Ms. fr. n° 25341, ch. 30. — Aggravement de la fourcelle. (De Villiers, ch. 66.) — Aggravation dou pis. (Ms. lat. n° 1553, 1. 31.)

— Cheval ouvert devant. (**Ms. fr.** n" 2002, l" 54.) — Cheval estroit devant. (**Ms. fr.** n" 2001, f" 8.) — Blessure et engorgement dou pis. (**Ms. fr.** n° 25341, ch. 30.)

Pis, piz, pez, peiz, dans le langage médiéval étaient synonymes de poitrail.

Agravement, agrevement, aggrievement signifient un état grave de maladie.

Sétons sous la poitrine. Coucher le cheval sur le dos, fendre la peau à l'endroit malade et introduire divers onguents dans la plaie.

Il s'agit peut-être ici de déchirure des muscles dans la région du poitrail.

IV. — MALADIES DE LA RÉGION DU RACHIS

1° — MAL DE GARROT.

Latin. — Læsio garresii seu guizareschi. (Rusius, ch. 78, 86, 88.) — Pulmonus. Pulmone. Pulmoncello. (Ruffus, ch. 23. Rusius, ch. 82. Crescens, 1. 9, ch. 29.) — Cornu. (Albert le Grand, 1. 22. Rusius, ch. 80. Crescens, 1. 9, ch. 28.)

Français. — Poulmon dou dos. (**Ms. lat.** n" 1553, ch. 23. Guillaume de Villiers, ch. 62.) — Pourmon. Pormon. (**Ms. fr.** n" 25341, ch. 23) — Cor. De Villiers, ch. 61. **Ms. fr.** 2001, f° 16. v.) — Corne. (**Ms. fr.** n" 2002, fol. 66, 67, 68. **Ms. lat.** n° 1553, ch. 22.)

Toutes ces expressions représentent diverses variétés d'intensité du mal de garrot. Le *cor* est probablement le mal de garrot à son début.

Induration du dos pénétrant très profondément dans les tissus et due à l'oppression de la selle ou du bât. D'où le mot cor, du latin *corium,* cuir épaissi, ou *cornu,* corne.

Quant au *pulmonus,* poumon, il me paraît être le mal d'encolure ou de garrot arrivé à sa dernière période, compliqué de gangrène (*carnes infectæ*) qui « rompt cuir et chair » (fusées purulentes), d'où sort continuellement un liquide infect. Rusius dit que plus la plaie est profonde, plus elle descend vers la poitrine, plus elle est dangereuse.

Albert le Grand conseille de percer le garrot « *garrese* » en plusieurs endroits quand le mal est à son début, avec une « *subula* » préalablement chauffée. On recouvre ensuite d'une grosse bande de toile ou de lin qui doit dépasser le cor de la largeur de quatre doigts.

Fixer ensuite un morceau de lard au bout d'un bâton de coudrier, le présenter à la flamme et le laisser égoutter sur le linge jusqu'à ce que la graisse fondue pénètre le cor.

Dans les cas graves, inciser profondément et extirper tout ce qui est corrompu ; remplir la plaie d'étoupes imbibées de blanc d'œuf et de réalgar. Prendre un bâton de figuier ou de racine de buis, de la longueur d'un doigt, l'envelopper d'étoupes, et le pousser entre cuir et chair afin que la sanie s'écoule (espèce de drains).

2° — BLESSURES DE HARNACHEMENT.

Mal de dos. Blecures du dos. Blecheure. (Rusius, ch. 75, 76, 77. De Villiers, ch. 54. Ms. fr. 2002, f° 67. Ms. fr. 25341, ch. 21. Ms. lat., 1553, ch. 21.)

Sous ces dénominations, les auteurs du moyen âge rangent diverses maladies dues aux frottements réitérés de la selle ou du bât.

A. — Puczula. Puzolœ. Puziole. Pustole. (Rusius, ch. 87.)

Ce sont sans doute des pinçons, des tumeurs sanguines, des pustules caractérisées par l'apparition de vésicules « *vesicœ* » pleines de sang.

B. — Boches ou Clous. (Ms. lat., 1553, ch. 25.) — Tumefactio (Ruffus, ch. 21.) — Enfleure du dos. (Ms. fr. 2002. f° 68, 66.) — Gonflement de la région du dos.

C. — Apostumes sur le dos. (De Villiers, ch. 63.) — Apostumes sur épaules et dos. (De Villiers, ch. 63.)

Abcès dont on recommandait la ponction au moyen de cautères.

D. — Baruli. Carbunculi. Véroles. Escharboucles. (Trad. fr., Crescens, éd. 1516.)

Ce sont des tumeurs sanguines ou des anthrax ainsi que semble l'indiquer le mot *carboncello*, qui, en italien moderne, sert à désigner l'anthrax ou le charbon minéral. Cette dénomination lui viendrait sans doute de la couleur noire ou rouge foncé des parties lésées.

C'est peut-être aussi l'anthrax. Voici comment s'exprime à ce sujet le chirurgien Henri de Mondeville (p. 679).

« Le sang péchant en épaisseur forme les furoncles, qu'on appelle en français « vulgaire *clou*, trop épais et trop chaud il forme le charbon *carbunculus* que « chirurgien appelle en France *escharboucle*. » (Nicaisse, chirurgie de Henri de Monderville. Alcan, 1893.)

Il s'agit peut-être aussi de l'échauboulure.

E. — Ruptura corii ; vulnera plana sive magna. Excoriationes. (Ruffus, ch. 21.) — Romptures. Escorcheures. Froisseures. Morsseures. Crescens, éd. 1516. De Villiers, ch. 55, 63.)

Plaies plus ou moins étendues dites *lœsiones tergi*, et d'autant plus dangereuses qu'elles sont plus rapprochées du voisinage des os.

F. — Cornu. Voir : Mal de garrot.

G. — Gangrène. (Mort cuir. De Villiers, ch. 60. Ms. fr. 25341, ch. 22.) — Morte char en plaie. (Ms. fr. 2001, f° 16, 17, v.)

« Maladie autrement appelée « *pallasias* », manière de chair qui vient sur une « autre chair, sur le dos, et fait grand mal tant que le cuir est rompu et se fend. »

3° — EFFORT DE REINS.

Latin. — Equus male ferutus in lumbis. (Ruffus, ch. 27. Rusius, ch. 79.) — Morbus malferutus. (Crescens, l. 9, ch. 32.)

Français. — Cheval feble des rains. (Ms. fr. 2001. f° 8.) — Mal feru es rains. (Ms. fr. 25341, ch. 26.) — Mauferu. (Crescens, trad. fr., éd. 1516.) — Mal de rains. (De Villiers, ch. 64.) — Cheval esrené. (Ms. fr. 2002. f° 62, v.)

Ce mot dérive de *male ferrens,* se soutenant mal, ou du vieux français *ferir,* frapper, blesser. Quelques-uns croient voir dans les symptômes succincts qui sont donnés diverses affections dorso-lombaires; d'autres pensent que c'est la paraplégie, la hernie inguinale même. En terme général, les hippiatres désignaient, sous la dénomination de *malferutus,* tout cheval qui, par suite d'une maladie des lombes, conséquence de la superfluité des humeurs, du froid, d'une charge exagérée, peut à peine se tenir sur les membres postérieurs. Le traitement consistait en applications d'emplâtres, en cautérisations en raies.

Dans Godefroy, nous trouvons les mots *esrener, errener,* avec la signification de disloquer, éreinter, casser les reins.

4° — MALADIE DE LA QUEUE

A. — Alopécie. (De fluxu pilorum caudœ. Rusius, ch. 161.)

Inciser la queue auprès des fesses jusqu'au niveau des os, vers le troisième os, dit *barilius,* scarifications, cautérisations.

B. — Carie des vertèbres coccygiennes. (Longium in cauda. Rusius, ch. 162.)

Le « *longium* », dit Rusius, est une maladie analogue au *cancer* qui vient à la queue du cheval et ronge les chairs. Les poils tombent, les os se gangrènent, et, si on n'y remédie promptement, la queue tombe nœud par nœud.

C. — Phthiriase. Rongne. Voir : Maladies contagieuses. Gale.

5° — ENTORSE CERVICALE.

Latin. — Stiva. (Albert le Grand, l. 22.) — Contractio ou confractio nervorum. (Albert le Grand, l. 22.) — Stima seu lucerdus. (Rusius, ch. 73.)

Italien. — Lacerto. (Columbre.)

Espagnol ou *castillan.* — Enagat. (Ms. fr. n° 2002, f° 57. v.)

Français. — Destine ou destive. (Ms. fr. n° 2001, f° 12.) — Cheval enroidi. (Ms. fr. n° 2002, f° 57. v.)

Stiva, en latin, désigne un manche de charrue, une pièce de bois inflexible, et par extension on a appliqué cette expression à une maladie du cheval, caractérisée par la raideur de la région cervicale, empêchant tout mouvement de latéralité. C'est peut-être aussi le tétanos.

Les traitements mentionnés sont nombreux. Perforer le cou de chaque côté avec une alène chaude « *subula* », jusqu'à ce que la chair soit brûlée, ou bien faire cinq perforations et introduire dans chaque une mèche de chanvre, de lin ou de crin, les y laisser cinq jours, en ayant soin de remuer les mèches chaque jour pour donner écoulement au pus. Cautérisation en raies.

V. — MALADIE DES YEUX

Les maladies des yeux sont peu nombreuses et assez confusément décrites. Nous pouvons les répartir en trois groupes :

1° — CONJONCTIVITE. — OPACITÉ DE LA CORNÉE.

Latin. — Oculus lacrimans. (Ruffus, ch. 18. Rusius, ch. 53, 61. Crescens, l. 9, ch. 27.) — Oculus percussus. (Rusius, ch. 59.) — Sanguis in oculo. (Rusius, ch. 57.) — Confricatio oculorum. (Rusius, ch. 60.)

Italien. — Suffusio del occhi. (Dino.)

Français. — Mal d'yeulx, enfermetez des iex, des ex. (De Villiers, ch. 96, 97, 98. Ms. lat. n° 1553, ch. 18. Ms. fr. 2002, f° 46. Ms. fr. 25341, ch. 18.) — Cheval ferut en l'œil. (Ms. fr. n° 2002, f° 47.)

Traitements extrêmement variés. Saignées à l'angulaire de l'œil, cautérisation au-dessus de l'œil.

2° — OPHTHALMIE.

Latin. — Pannus. Panniculus albus. Macula. Caligo. Nebula. Nubes. Turbedo. (Ruffus, ch. 18. Rusius, ch. 52, 55, 58.) — Dolor et rubor oculorum. (Rusius, ch. 61.)

Italien. — Panno bianco. Cataratte. (Dino.)

Français. — Taye. (Crescens, éd. 1516). — Drap. (Crescens, éd. 1516.) — Telle. (De Villiers, ch. 98, 99.)

D'après Barbieri, *pannus* serait le leucoma et la *nebula*, la cataracte. La *nebula* serait plutôt l'opacité de la cornée. *Dolor et rubor oculorum* se rapporteraient assez à l'ophtalmie externe.

Quant aux expressions *caligo*, *pannus*, *macula*, elles semblent être les diverses phases de l'ophthalmie, peut-être même de la fluxion périodique.

3° — PTÉRYGION.

Latin. — Ungiola. Ungula. Unghiella. (Rusius, ch. 56.)

Français. — Ongle. (Ms. fr. n° 2001, f° 9. De Villiers, ch. 99, 100.)

Espèce de membrane qui couvre la moitié de l'œil. Pour remédier à cette affection, soulever cette membrane avec une aiguille d'ivoire, *acus eburnea*, et l'exciser ensuite.

VI. — MALADIES DE LA PEAU ET DES TISSUS SOUS-JACENTS

1° — PLAIES ULCÉREUSES OU DE MAUVAISE NATURE.

Latin. — Cancer. (Ruffus, ch. 47. Albert le Grand, l. 22. Rusius. ch. 171. Crescens, l. 9, ch. 47.)

Français. — Cancre. (Ms. lat. n° 1553, ch. 46. — Chancre. (Crescens, trad. fr., éd. 1516. Ms. fr. n° 2001, f° 16. v. — Cranche. Cranque. Crancre. Mal rongeant. (Godefroy.)

Le mot *cancer* peut s'appliquer à toutes les plaies de mauvaise nature, même au farcin. Rusius dit que cette affection fréquente autour des articulations de la couronne, du paturon, est le résultat d'une plaie ancienne, négligée ou mal soignée, souillée d'ordures, d'où putréfaction (*putredo*). Rusius cite à ce sujet Hippocrate, Galien, et ajoute que le cancer s'observe aussi aux lèvres du cheval. Dans ce dernier cas, il s'agit probablement d'une plaie farcineuse.

2° — Plaies diverses.

(Rusius, ch. 177, 178. Ms. fr. n° 2002, f° 92.)

Bleceure du taillant d'un cousteau. Recoudre avec *escuille quarrée et ne le couser pas trop menu ne trop large.* Si au bout de cinq jours les fils ne sont pas tombés, les enlever.

Bleceure d'un coup de dague. Remplir d'étoupes imbibées d'onguent *egyptial.*

Bleceure d'un coup de lance. Si la plaie est trop étroite, l'élargir avec un rasoir jusqu'à ce qu'on puisse y introduire la main ou le doigt.

Coup d'épée sur la queue à l'endroit du fondement. Mettre un appareil qui maintienne la queue levée en l'air pendant vingt jours. Raser la plaie, la nettoyer et la coudre.

3° — Gangrène.

Latin. — Caro mortua. (Albert le Grand, l. 22.)

Français. — Morte char en plaie. (Ms. n° 2001, f° 17. v.) — Mort cuir. (De Villiers, ch. 59, 60. Ms. fr. n° 25341, ch. 22.)

Il est probable qu'il est ici question de la gangrène, « *complication des plaies de mauvaise nature* » (Albert le Grand). La chair (*caro*) qui dépasse un peu la peau (*cutis*) est insensible. Comme traitement, appliquer de l'*urtica græca* qui ronge les tissus morts, de la chaux vive, cautériser, etc., etc.

4° — Abcès.

Latin. — Turtæ. Ture utatem. Curta. (Rusius, ch. 81.)

Français. — Apostume. (Ms. fr. n° 2002, f° 59. v.) — Tortes. Tourte. (Ms. fr. 2001, f° 12.) — Clouz. Bocetes. (Ms. fr. n° 2001, f° 12.)

Abcès situés entre cuir et chair à la mode du pain dit *turta*, *tourte* (peut-être notre miche de pain) ; abcès qui sont le résultat de l'accumulation d'humeur putride dans les tissus sous-cutanés.

Inciser la peau dans le milieu de la région abcédée et donner ainsi écoulement au pus. Remplir ensuite la plaie d'étoupes jusqu'à complète guérison.

Heusinger croit que les *tortes, tourtes* sont de nature farcineuse, mais rien ne prouve cette assertion.

Apostume vient de ἀπόστημα.

5° TUMEURS SANGUINES.

Latin. — *Radunculus.* (Albert le Grand, l. 22.)

Français. — Radoncule. (Ms. fr. 2002, f° 61, v.) — Rancle. Ranche. (**Ms. fr.** 2001, f° 15, v.)

Tumeur large, rougeâtre, sous-cutanée, entourée d'œdème à là périphérie; conséquence de blessures, coups, de la surabondance du sang vers la partie lésée.

Saigner. Si la couleur de l'humeur change et s'épaissit, scarifier et appliquer des ventouses (*ventosæ*).

Au moyen âge, les expressions *draoncle, drancle, raoncle, raoucle, raancle, rancle*, étaient synonymes d'apostumes, de boutons, d'éruptions de la peau. (Godefroy).

« Li rois fu moult de for mal entrepris. Ce est *raoncles*, li Loherens l'a dit. » Garin. I, p. 89. La Curne Sainte-Palaye.)

6° — POIREAUX, TUMEURS MÉLANIQUES ET AUTRES.

Latin. — Ficus. (Albert le Grand, ch. 22. — Morus. Celsus. (Rusius, ch. 138. Crescens, l. 9, ch. 12.)

Italien. — Fico.

Castillan. — Fiches. (Ms. fr. 2002. f° 60.)

Français. — *Fi.* (Ms. fr. 2001, f° 12, f° 6, v.) — *Fic.* (De Villiers, ch. 40, 41. Ms. lat.. 1553. ch. 49.) — *Poriax. Poriaux.* (Ms. fr. 25341.) — *Porres.* (Ms. fr. 2002, f° 88.)

Ficus figue, *morus* ou *celsus* mûre, servaient à désigner toutes sortes de tumeurs de couleur rouge ou livide « *croissant sans poil en dehors de la peau comme une figue ou une mûre* ».

Les anciens différenciaient les porreaux des verrues. Pour eux, les porreaux avaient moins de racines et présentaient l'aspect d'une « *grosseur de chair, carne granata senza caru et pelu* (Rusius) ; tandis que les verrues étaient pédonculées et lisses à la surface.

Quand les tumeurs ne sont pas pédicellées, inciser la peau et appliquer sur la tumeur un emplâtre chaud d'argile, de marrube, qu'on laisse en place jusqu'à refroidissement et jusqu'à ce que la tumeur blanchisse.

Si elle est pédicellée, la lier avec un fil de soie ou un poil de la queue d'un poulain vierge; le laisser en place jusqu'à ce que la tumeur tombe d'elle-même.

Dans les cas où les tumeurs sont trop nombreuses, ne pratiquer l'ablation ou la ligature qu'en raison directe des forces de l'animal. Quand elles sont plates et larges, au point de ne pouvoir les lier, prendre un morceau de cuir percé au centre d'un trou de la largeur de la tumeur et l'appliquer sur cette tumeur de façon que les bords recouvrent la peau afin qu'elle soit à l'abri des caustiques. Cautériser avec un cautère rond.

7° — ECZÉMA ?

Latin. — Sanguis corruptus. Prurigo. (Albert le Grand, l. 22.)

Il est difficile de déterminer d'une façon précise l'affection dont parle Albert le Grand, car il ne mentionne que le prurit, *prurigo*, et l'apparition de petits boutons, *ulcus*, disséminés par tout le corps.

C'est peut-être l'eczéma vésico-papuleux, c'est peut-être aussi la gale ou une phthiriase quelconque. Le traitement consistait en saignées, frictions avec lessive, *lexivia*, ablutions de cervoise, *cervisia*, ou de décoctions de plantes variées.

8° — BOUTONS.

Latin. — Morphaea. Serpigo. Impetigo. (Rusius, ch. 180.)

Affection qui vient autour des yeux, des paupières, des narines, de la bouche. Pas d'autres détails. Ce sont peut-être des taches de ladre.

9° — ECHAUBOULURE.

Français. — Abondance. Surabondance de sang. (Ms. fr. 2001, f° 1. De Villiers, ch. 73. Ms. fr. 2002, f° 64.) — Arsure. (De Villiers, ch. 53.)

Quand le cheval « *a trop de sang, on peut le reconnaître en plusieurs* « *manières; la première est que sur le corps lui vient petites bosselles.* » (De Villiers, ch. 73.)

Monet, Robert, Cotgrave, La Curne Sainte-Palaye désignent sous le nom d'*eschaubouillure* de petites élevures rouges qui viennent sur la peau. L'étymologie viendrait de *eschaubouillant*, qui brûle, en raison du prurit et de l'apparition de boutons.

10° — PHTHIRIASE. — Voir : *Gale.*

B. — Pathologie bovine.

Les auteurs du moyen âge qui se sont occupés de la pathologie des autres animaux domestiques sont peu nombreux. Nous n'en pouvons citer que trois : Albert le Grand, Glanvil et Crescens, et, encore leurs écrits ne sont-ils qu'une pâle réminiscence des travaux d'Aristote, de Pline, etc. Dans ces conditions, il va sans dire que les pathologies bovine, ovine et porcine de cette époque ne nous offriront rien de nouveau et ne seront pour nous que d'un intérêt tout à fait secondaire.

1° — MÉTÉORISME.

Ventosité.

On s'en aperçoit, dit Crescens, l. 9, ch. 66, aux coliques et quand, en frappant sur les flancs avec la main, ils résonnent comme un tambour.

Comme traitement : lavement, curetage avec la main des excréments; saignée à la queue avec un couteau.

2° —· Maladies de poitrine.

Et qu'ilz eyent (real, d'ewe en temps de sewersoun deyns mesoum et dehors, quar plusours morrent de la maladie de polmon pur defalte d'ewe. (Bibl. Ecole des Chartes. Traité d'économie rurale composé en français au XIIIe siècle, en Angleterre, ch. 22.)

D'après Albert le Grand, les animaux ne mangent pas, la respiration devient courte, pénible (*anhelitus et brevis*); l'inspiration violente, angoissée (*angustia*). La mort arrive rapidement. A l'autopsie on trouve les poumons corrompus. Est-ce la péripneumonie?

3° — Plaies au cou.

(Crescens, l. 9, ch. 66.)

Plaies guéries par l'onguent cicatrisant, dont se servent les maréchaux pour bœufs (*mariscalcia boum*).

4° — Clou de rue. Épine dans le pied.

(Crescens, l. 9, ch. 66.)

5° — Fièvre.

(Crescens, l. 9, ch. 66.)

Caractérisée par la chaleur aux oreilles, à la langue, l'haleine chaude et épaisse.

6° — Gutta roiba ou robba.

(Crescens, l. 9, ch. 66.)

Qui vient chez les bovidés à la suite d'un trop grand repos, de l'ingestion d'une trop grande quantité d'aliments ou de boissons. C'est une maladie qu'il nous est impossible de déterminer en l'absence de symptômes précis. Crescens dit que l'animal atteint meurt souvent si on n'y remédie par la saignée à la sous-linguale.

7° — Tuberculose.

Voir : Maladies contagieuses.

8° — Parasites.

1. Tique.

« Ver sans ouverture pour se décharger suçant le sang des chiens et de la « bouvine. » (Mounet.)

2. Taons.

Une vache qui sent à tahons
Ne vi plus galoper par chaut
Que galestrot s'en va le saut.

(Fabl. St. Germ. f° 283.) (La Curne Sainte-Palaye.)

C. — Pathologie ovine.

Crescens (l. 9, ch. 68), dans son livre : « Des prouffitz champestres et ruraulx », consacre quelques chapitres à l'élevage du mouton et aux principales maladies auxquelles il se trouve exposé. Ce n'est en somme qu'une réminiscence des auteurs de l'antiquité. Du reste, il semble avoir attaché peu d'importance à cette branche de pathologie animale, car c'est à peine s'il décrit quelques maladies.

Jehan de Brie s'est exclusivement occupé des maladies des ovidés, maladies qu'il décrit d'après ses observations personnelles. Mais leur nombre en est restreint et les symptômes mentionnés par trop succincts. On trouve quelques indications sur la pathologie ovine dans le « Traité d'économie rurale anglais du XIIIᵉ siècle ».

1° DIAGNOSTIC A L'ÉTAT DE SANTÉ ET DE MALADIE.

C'est à Crescens que nous sommes redevables de ce diagnostic différentiel (l. 9, ch. 68).

Les moutons sont sains, dit-il, quand la conjonctive est rouge, quand la peau du cou adhère aux tissus sous-jacents, quand l'animal résiste à la pression du dos, quand il ne marche pas en arrière du troupeau.

Si les moutons ont la conjonctive blanche, la peau du cou lâche, la marche lente et la tête basse, si le dos réagit à la pression, c'est qu'ils sont malades et il faut « *adviser* », « *les saiges bergers savent connaitre ces maladies elles guérir* ».

2° — MÉTÉORISME.

Enfleure. (Jehan de Brie, ch. 12, 14, 15, 30, 42.) — Eschaufeure. (Traité d'économie rurale anglais au XIIIᵉ siècle, ch. 22.)

Jehan de Brie l'attribue à deux causes : à l'ingestion d'une herbe nommée *fevrel* ou *sauvres*, à fleurs jaunes, qui pousse en juillet; à l'ingestion d'épis en trop grande quantité, au mois d'août. Le Traité anglais conseille, pour éviter cette maladie, de ne pas faire paître les troupeaux dans les champs par la pluie.

« *En mesoum ne les metez my en temps pluyouse* », car elle cause de grandes pertes parmi les troupeaux; « *quar une eschaufure vient por entre le quyr et les plex et entre quir et layne tourne a grant damage des bestes.* »

Pour faire disparaître le gonflement, Jehan de Brie conseille de jeter de l'eau sur le dos du mouton, les ingestions de décoctions d'herbes variées, la saignée à la veine de l'œil, à l'oreille, etc., etc.

3° — BRONCHITE. — CORYZA.

Morfondure. Morfonture.

Cette affection est signalée dans le dictionnaire de Godefroy.

En voici des exemples :

> « Je osteray mes petis aigneaux
> « Se Dieu plait, hors de leur dangier ;
> « Comme bon et loyal bergier
> « Les garderay de morfonture.

Hist. du vieil testament, 28864. A. T.

> « Mais que gardons de morfonture
> « Nos aigneaulx c'est le principal.

Myst. de la conception, f° 52, imp. instit.

Il est vrai qu'ici le mot agneaux est pris au figuré.

4° — CACHEXIE. — DISTOMATOSE.

Dauve. (Jehan de Brie, ch. 11, 28, 40.)

Le berger, dit-il, doit bien se garder de conduire ses troupeaux dans les endroits humides, marécageux, car là croissent des herbes à feuilles rondes, dites *dauves*, que les brebis appètent et qui leur sont très dangereuses.

A cette plante, il attribue les altérations du foie d'où « *sont engendrez* « *une manière de vers qui corrompent le foie de la bête, dont elle est mise* « *à mort* ».

Il est question ici des distomes et des ranunculus flammula et lingua qu croissent dans les flaques d'eau, les marais « *douvre* », plantes qui ont joui pendant longtemps du fâcheux privilège d'engendrer la cachexie.

Jehan de Brie admettait que cette affection était curable chez les agneaux d'un an, mais qu'il était inutile de tenter la guérison chez les adultes.

Crescens (l. 9, ch. 76) parle de l'œdème de l'espace inter maxillaire « *bosse sous la gueule* », bien connu des bergers sous le nom de bouteille.

Il dit qu'il nait aux brebis « *nascitur eis gossum sub gula ex fluxu humorum capite descendentum* ».

En italien, *gozzo* signifie gosier, poche, goître.

5° — TOURNIS.

Avertin. (Jehan de Brie, ch. 10, 29, 41.)

On employait aussi au moyen âge l'expression *tourniche, torneis, tourneis tournis.*

« Le brebis, mais k'ille ne soit rongneux, ne clavereleuse, ne tourniche » (Ducange. Charte du Hainaut de 1265.)

Avertin, qui n'est plus guère employé, dériverait du verbe *avertere*, tourner. Il a sans doute été remplacé par tournis qui viendrait de *torno*, tourne autour.

Jehan de Brie ignorait l'origine parasitaire de cette affection qu'il attribuai à l'action du soleil, surtout du soleil de mars.

« Car il pénètre et perce de ses raies jusqu'au cerveau et leur engendre une
« merveilleuse maladie dite « *avertin* » qui les fait tourner, dont ils sont très
« escervelés et en affolent et meurent souvent. »

6° — GALE.

Rongne. (Jehan de Brie, ch. 25, 27.) — Poacre. (Jehan de Brie, ch. 26, 38.)

Frictions sur la peau avec des onguents divers ; onguent composé d'axonge
vieux, de vif argent, d'alun, de vert-de-gris, de couperose, de cendres de
sarments de vigne. Cependant pour les agneaux, Jehan conseille de ne se
servir ni de couperose, ni d'alun, ni de vert-de-gris, trop corrosifs pour la
« *tendresse* » de leur peau.

La *Rongne* était la gale commune ou dermatodectique, tandis que *poacre*
était la gale sarcoptique ou noir museau. « *Manière de rongne qui vient,*
« dit Jehan de Brie, *es museaux des brebis, pire et plus nuysante que rongne*
« *du dos* ».

Poacre, infecté d'ulcères (Godefroy), était probablement la gale généralisée.

7° — CLAVELÉE.

Clavel. (Jehan de Brie, ch. 24, 36.) — Brebis claverelleuse. (Vers l'an 1265, ch.
du Hainaut.)

Pas de description de symptômes. Traitements variés.

On trouve plusieurs fois cette expression dans la littérature du moyen âge.
Elle est signalée dans une charte du Hainaut de 1265 (Voir Tournis).

Dans la farce de maistre Pierre Pathelin, il est fait mention de la clavelée
des brebis.

> « Il est vray et vérité, sire,
> « Que je (le berger) les lui ay assommées
>
> . . . .
>
> « Et puis je luy fesoie entendre
> Afin qu'il ne m'en peust reprendre
> Qu'ils mouroient de la *clavelee*.

Acte III, scène IV.

Clavelée vient probablement de *clavus*, clou ; *clavellus*, petit clou,
chancre ; au moyen âge, clavel (clou), *claveler*, clouer, orner de clous.

Ménage croit que cette expression tire son origine de *clades, cladella*,
malheur fléau.

8° — MALADIES DE L'ALLAITEMENT.

Affilée. (Jehan de Brie, ch. 10, 21, 33.)

Maladie « *moult périlleuse* » commune aux agneaux ; qui les prend quand
ils goûtent le premier lait de la mamelle de la brebis qui vient de mettre
bas. Faire allaiter l'agneau par une autre mère.

Ce premier lait « *Bet* » n'est probablement pas le colostrum, mais du lait
pathologique provenant d'une altération de la mamelle.

de Columelle, auquel il n'a fait que quelques rares additions sans valeur, notamment en ce qui concerne les maladies proprement dites.

Tels sont les écrivains qui, dans la période antique, se sont occupé des affections des bovidés, dont la collection de l'*Hippiatrique* ne fait aucunement mention. On trouve dans les *Géoponiques* 18 articles environ de Sotion, African, Paxamos, Florentinus, traitant des diverses affections des animaux de l'espèce bovine, mais ils ne comportent guère que l'indication de traitements plus ou moins fantaisistes.

1° — MALADIES DE L'APPAREIL DIGESTIF.

DÉGOUT, INAPPÉTENCE, occasionnés, dit Végèce, par diverses affections. Cautérisation du front, incision des oreilles. (*V*. Liv. III, ch. III).

INFLAMMATION DU PALAIS (*tumor palati*). — Saignée au palais, aliments de facile digestion. (*V*. Liv. III, ch. IV. — *Columelle*. Liv. VI, ch. XIV).

GRENOUILLETTES. — Excroissances de la langue que les vétérinaires, dit Columelle, appellent *ranœ*. Les scarifier ou les couper, puis frotter la plaie d'ail et de sel jusqu'à ce que l'humeur s'écoule (*lacessitu pituita secedit*). Végèce dit qu'il est préférable de les exciser avec un roseau tranchant (*acuta canna*). Heusinger croit que c'est la glossite ou tumeur de la langue. Il est plus rationnel de croire que ce paragraphe traite de l'ablation des barbillons. (*V*. Liv. III, ch. III. — *Columelle*. Liv. VI, ch. VIII).

INDIGESTION (*cruditas*), caractérisée par des rots fréquents (*crebri ructus*), des borborygmes (*ventri sonitus*), de l'inappétence, de l'inrumination ; affection dangereuse qui peut, d'après les hippiatres, se compliquer de tympanite. Saignée à la queue ou en pince. (*V*. Liv. III, ch. III, p. 166. — *Columelle*. Liv. VI, ch. VI, ch. VII. — *Géoponiques*, édit. Niclas, liv. XVII, ch. XVII-XIX. — *Martialis Gargilius*).

TYMPANITE (*inflatio ventris*). — Gonflement du ventre. Vives coliques. Saignée à la queue. Promenade au pas. Exploration rectale pour retirer les excréments. (*V*. Liv. III, ch. III. — *Columelle*, liv. VI, ch. VI-VII).

DIARRHÉE (*profluvies ventris*). (*V*. Liv. III, ch. II-III, p. 158). — *Géoponiques*, édit. Niclas, liv. XVII, ch. XVI).

DYSENTERIE (*torminium vitium*) dont le symptôme principal consiste dans l'évacuation par l'anus d'un liquide glaireux, sanguinolent, ce qui affaiblit l'animal et le rend impropre à tout travail. Remèdes divers. Cautérisation du front, incision des oreilles. (*V*. Liv. III, ch. III.— *Columelle*. Liv. VI, ch. VII).

Coliques vermineuses. — Fréquentes, dit Columelle, chez les veaux, qui sont souvent incommodés le vers (*lumbrici*). (*Columelle*. Liv. VI, ch. xxv. — *Géoponiques*, édit. Niclas, liv. XVII, ch. xxvii).

2° — Maladies de l'appareil respiratoire

Toux. — Toux aiguë (*recens tussis*). — Toux chronique (*veteres tussis*) (*V. L. III*, chap. iv, p. 163. — *Columelle*, liv. VI, ch. x. — *Géoponiques*, édit. Niclas, liv. XVII, ch. xxi. — *Martialis Gargilius*).

Affections de poitrine. — Est-ce la pneumonie, la péripneumonie ou la gangrène pulmonaire dont veut parler Aristote (*Histoire des animaux*, liv. V, ch. xxv, § 5) ? Il la désigne sous le nom de κραυρα et se borne à mentionner les symptômes suivants : inappétence, respiration chaude et fréquente, fièvre. La mort, ajoute-t-il, arrive rapidement et à l'autopsie on trouve le poumon putréfié. Est-ce la péripneumonie ou la tuberculose dont parlent Végèce et Columelle, qui prétendent que c'est une affection très grave dégénérant rapidement en phthisie (*phthisis*) ?. D'après eux les symptômes principaux seraient la toux, la maigreur et une ulcération des poumons (*cum pulmones exulcerantur*). (*V. L. III*, ch. iv. — *Columelle*, liv. VI, ch. xiv).

Kystes hydatiques des poumons, signalés par Hippocrate (460 avant notre ère). (Traduction Littré, t. VII, p. 225).

3° — Maladies des yeux

Peu détaillées. — Columelle et Végèce signalent seulement la taie (*album*) et l'*epiphora*, fluxion des yeux. (*V. L. III*, ch. iv, p. 163. — *Columelle*, liv. VI, ch. xvii).

4° — Maladies de l'appareil locomoteur

A. — *Maladies de la tête — du cou — de la nuque.*

Fracture des cornes. — Envelopper les cornes brisées de linges imbibés d'huile, de vinaigre et de sel. Le quatrième jour fomenter avec de la graisse de porc, de la poix fondue et de l'écorce de pin pulvérisée. (*V. L. III*, ch. iv, — *Columelle*, liv. VI, ch. xvi).

Contusion du cou. — Saignée à l'oreille.

Luxation du cou. — Si le cou est ébranlé *(si cervix mota et dejecta est)* et déjeté, disent Columelle et Végèce, saigner à l'oreille du côté où le cou penche. Mais auparavant il faut battre l'oreille à coups de sarments pour faire gonfler la veine et l'ouvrir avec un couteau (*cultellus*).

sont gras et gros, il est préférable de les manger (*juvat eos comedere mora*). Leur donner bains d'eau chaude. Scarifier veines sous la langue.

Abcès (Albert le Grand).

Comme dans Aristote. *Apostema* ou *branchi*. Abcès derrière les oreilles, les maxillaires, sous les mâchoires et souvent même aux pieds. Quelquefois ce flux tombe en *squinantia* ; ils remuent les pieds et meurent en trois jours. Quelquefois ce flux ne se résout pas en abcès, mais descend peu à peu, remplit le poumon et le corrompt. Les pasteurs qui les gardent ont l'habitude de couper le membre atteint, si possible, parce qu'ils ont vu qu'ils ne peuvent y porter remède par incision. (L. 7, ch. 2.)

Encéphalite (Albert le Grand).

Scothomia ou *icotomia*, en arabe *fraretin*, caractérisée par la douleur, pesanteur de tête. La plupart des porcs en meurent après accumulation de beaucoup d'humeurs froides dans la tête.

Goitre

« Lesquelx compaignons changerent icelles jumens a treize pourceaux gohaterea ux » Litt. remiss. an 1410. Reg. 164. Chartoph. reg. ch. 235 (Ducange).

E. — Pathologie canine.

Peu d'auteurs se sont occupés de pathologie canine. A part les observations succinctes de Phémon et d'Albert le Grand, les autres sont empruntées à des traités de fauconnerie. Les traités de Modus et Ratio, de Phœbus, de Tardif sont ceux auxquels nous ferons le plus d'emprunts.

I. — MALADIES DE L'APPAREIL DIGESTIF

1° — Aphtes de la gueule.

Ἄφθαι. (Phémon, ch. 33.)

2° — Inflammation de la muqueuse buccale.

Palatite. Eschauffure du palais. Durté ou chancre au palais. Enfleure sans ulcère au palais. (Tardif.)

3° — Verrues de la cavité buccale.

Ἧλος ἐν οὐρανίσκῳ. (Phémon, ch. 12.)

4° — Sangsues dans la gorge.

Fumigations avec « *mouches volantz en été devant la teste du cheval* ». (Taons.) (Phémon, ch. 14. Tardif.)

5° — Corps étrangers, os restés dans la gorge.

Chien ennossé. (Tardif. Phémon, ch. 13.

Pour le « *désenosser* », entonner de l'huile et comprimer la partie inférieure du cou. Si on ne peut changer l'os de place, instiller de l'eau tiède.

6° — ENTÉRITE.

Douleurs es boyaux. (Tardif. Phémon, ch. 17.)

7° — CONSTIPATION.

Chiens costunez ou costuvez. (Le roi Modus. Albert le Grand, l. 22. Phœbus.)

En voici les principaux symptômes d'après Albert le Grand : vomissements fréquents, tristesse, tremblements, fièvre, efforts inutiles de défécation. S'observe fréquemment chez les chiens de maîtresse de maison, qui presque tous meurent de constipation.

D'après Phœbus, quand le chien ne peut *chier (sic)*, introduire dans l'anus une racine de chou imbibée d'huile d'olive. Si l'on n'obtient aucune guérison, mettre un suppositoire « *cas'oir ainsi qu'à un homme* », composé de décoctions de blettes, mercuriale, rue, encens, son, miel, huile d'olive.

8° — DIARRHÉE.

Flux de ventre. (Tardif.)

Ingestion de vieux fromage dur ou de ramier cuit arrosé de vinaigre.

9° VERS.

Lombrics dans l'intestin. (Albert le Grand, l. 23, ch. 19.) Anguillœ.

Donner semence de « *assince* », poudre de corne de cerf, de vers, le tout additionné de miel.

10° — INFLAMMATION DE L'ANUS.

(Phémon, ch. 22.)

11° — TUMEURS DE L'ANUS.

Ficum in ano. (Albert le Grand, l. 23, ch. 21.)

II. — MALADIES DE L'APPAREIL RESPIRATOIRE

1° TOUX.

(Phémon, ch. 16. Tardif.)

2° CORYZA.

Morve aux narines comme les chevaux. (Phébus.)

Les chiens ne peuvent plus rien sentir, quelques-uns meurent. Peut-être est-ce une des formes de la maladie des chiens.

3° PHARYNGITE.

Angine. (Phœbus.)

Quelques-uns ne peuvent rien avaler et meurent. La meilleure des médecines est de les laisser aller où ils veulent, manger ce qu'ils veulent.

III. — MALADIES DE L'APPAREIL URINAIRE

1° — RÉTENTION D'URINE.

Δυσουρία. (Phémon, ch. 19. Phébus.)

Cataplasmes divers sur le ventre et la verge.

2° — HÉMATURIE.

Εἰς κύνα οὐροῦντα αἷμα. (Phémon, ch. 18.) — Chien qui pisse le sang. (Tardif.)

IV. — MALADIE DE LA RÉGION DIGITÉE ET DES MEMBRES

1° — AGGRAVÉE.

Plantes eschauffées, soles batues, chiens esgravés. (Tardif. Phébus.)

En langage médiéval, *aggravé* des pieds ou simplement *aggravé*, signifiait apesanti par la fatigue, fatigué à ne pouvoir marcher.

« Anaximène.... regardant une fois trop entcntivement les estoilles et levant le « nez en l'air comme une truye *aggravée*, tomba à l'impourvu dedans une fosse. » (Tahureau, dial., fol. 127 v.)

Dans plusieurs provinces, on dit des chiens dont les pattes sont écorchées, blessées par le gravier, qu'ils sont *engravés*. Peut-être le mot *aggravée* dériverait-il du substantif *grave*, sable, gravier, ou alors de *engravement* qui signifie tort, dommage. (Godefroy.)

Cataplasmes de cendres et de miel, onctions de suif. Éviter que les pieds ne se *deschaussent*. Lavage des pieds avec noix de galle, vitriol, vinaigre.

Dans les comptes de Louis XI (Cimber et Danjou), on trouve une note de sel et de vinaigre pour *saucer* ou *saler* les pieds de plusieurs chiens *esgravés*.

2° — ÉPINE DANS LE PIED.

(Albert le Grand, l. 22.)

3° — CONTUSIONS.

Mal de genou. (Phébus.)

Suites de chocs. Si la maladie dure plusieurs jours et que le chien ne puisse poser le pied à terre, on fait une incision cruciale au genou de derrière et on applique de la laine imbibée d'huile.

4° — LUXATION DU COXAL.

Ἐὰν ἐκτριφῇ τὴν κοτύλην.
Εἰς τὸν ἐκτριψα κόξαν.   } (Phémon, ch. 35, 36.)

5° — LUXATION DE L'ÉPAULE.

Le meilleur remède, dit Phébus, est de faire remettre la partie luxée en place par un homme qui sache bien le faire.

6° — FRACTURE.

Remettre les abouts fracturés en place, aussi droits que possible. Appliquer des étoupes avec quatre petites lattes « *lactes* » pour tenir le membre dans l'état où il se trouvait auparavant. (Phébus).

7° — DOULEURS DANS LES CUISSES.

Onctions d'urine d'homme et d'excréments de volaille.

V. — MALADIES DES YEULX

1° — CONJONCTIVITE.

Εἰς δακρυοντα και φλεγμαινοντα. (Phémon, ch. 9, 11.) — Larmes es yeulx. (Tardif.)
Fomentations diverses.

2° — CATARACTE.

Εἰς λευκωμα οφθαλμοι παλαιον. (Phémon, ch. 10.) — Blancheur des yeux. (Tardif.) — Taye en l'œil ou vérole. (Franchières, l. 2, ch. 15.)

Insufflation de poudre d'os de sèche. Si elle est ancienne, application de safran, de fiel de bœuf, de suc de fenouil et de miel.

3° — ENTROPION.

Ongle, onglée. (Modus. Phébus. Franchières, l. 2, ch. 13.)

Mettre au cou du chien un collier de branches d'orme vert et l'y laisser jusqu'à ce qu'elles soient sèches. Collier de feuilles en écorce d'orme. « *Mais,* dit Phébus, *c'est un bien petit remède.* » Application d'*éclère* ou de *céli-doine* avec poudre de gingembre et poivre. Si on ne peut obtenir la guérison par ce moyen, prendre une aiguille, la courber, puis tirer subtilement la membrane qui recouvre l'œil, la lever en l'air et la couper avec un rasoir, en ayant bien soin de ne pas toucher l'œil avec l'aiguille. Phébus ajoute que les *mareschaux* savent bien faire cette opération, car on traite le ptérygion du chien comme celui du cheval.

VI. — MALADIES DES OREILLES

1° — SURDITÉ.

Mettre 3 fois par jour, dans les oreilles, de l'huile rosat et du vin pur.

2° — PLAIES.

Chancre. (Tardif. Phébus.)

Onctions diverses, instillation dans l'oreille.

3° — CATARRHE AURICULAIRE.

(Modus. Tardif.)

4° VERS DANS L'OREILLE.

(Tardif.)

VII. — MALADIES DE LA PEAU

1° — PLAIES.

(Phémon, ch. 20, 30 et 31; Albert le Grand, l. 22.) — Arroser les plaies de décoction de tanaisie pour empêcher les vers de s'y mettre. Les experts parmi les chasseurs disent que tous les vers meurent quand on suspend au cou des chiens des *sticados citrinum*. (Albert le Grand.) Pour savoir si le chien est blessé, dit Phémon, il suffit de le placer au soleil, les mouches voleront aussitôt vers la partie lésée.

Quand il y a hémorragie, prendre de la toile d'araignée, bourre brûlée avec deux souris, triturer le tout et l'apposer sur la plaie préalablement brûlée.

2° — MORSURES.

Application de boue de fer (éclats qui volent du fer quand on le forge) et de poix fondue. (Phémon, ch. 26, 27.)

3° — PIQURES DE MOUCHES.

Μυωψ (taon). (Phémon, ch. 29.)

Frictions de vinaigre ou de rue.

4° — PIQURES DE PUCES.

Lavages avec décoction de staphysaigre. (Tardif.)

5° — VERRUES.

Émollients divers. (Tardif).

6° — ULCÈRES, ABCÈS, CLOUS.

Cataplasmes de guimauve pour hâter la maturité de l'abcès. (Tardif).

7° — GALE.

Voir : Maladies contagieuses.

8° — POUR CHANGER LE POIL.

Oindre le chien, pendant un mois, avec de la chaux vive et de l'écume d'argent.

Pour le faire repousser, onctions d'axonge et genêt brûlé.

Pour rendre un chien blanc, prendre *atramentum* métallique, suc d'excréments d'âne, suif de chèvre, et oindre pendant 10 jours. (Phémon, ch. 37, 38 et 39.)

VIII. — MALADIES DES ORGANES GÉNITAUX

1° — ORCHITE.

Survient, dit Phébus, à la suite de coups ou quand le chien a trop chassé. Prendre un morceau de drap, plié en quatre, verser dessus un cataplasme de graine de lin imbibée de vin, et l'appliquer chaud sur les testicules.

On maintient ce cataplasme en place en le liant entre les cuisses et par-dessus l'échine. Bien serrer le linge et laisser en arrière et en avant une ouverture pour donner passage aux excréments et à l'urine.

2° — Tumeurs de la verge.

Fix. Maladie qui vient au vit (*sic*). (Phébus.)

Museler le chien, le coucher, lui lier fortement les pattes et faire tirer la verge par un aide. Enlever ensuite les *fix* avec les doigts et les ongles ; éviter de se servir d'un couteau. Lavages à l'eau tiède. Onctions de miel. Voir chaque semaine s'il ne survient pas de nouvelles tumeurs.

Vit viendrait de *veretrum*. Glo. lat. Rich. I. 7692. — Chron. de Saint-Denis. II. 146.

3° Pour hâter l'expulsion des enveloppes fœtales.

Ει κυνα απο το τοκετυ εκκαθαραι θελοις. (Phémon, ch. 44). Boisson de décoction de marrube et de menthe.

4° — Pour hâter le part.

Ει κυνα απειγαμενον εις τοκε τον εκτρωςαι θελης. (Phémon, ch. 43). Ingestion de graines de violettes et d'eau dans laquelle on a fait bouillir de l'arum.

5° — Tumeurs du vagin.

Fix. Phébus. Agir comme pour les tumeurs de la verge.

6° — Essai de poison sur un chien par ordre de Louis XI.

Le samedi, 19 février 1480, à Tours, s'assemblèrent le maire, 4 eschevins, le maître d'hôtel du roi, Simon Moreau, apothicaire. Dans cette réunion, on fit l'effet de certains poisons sur un chien. Le poison, mélangé dans une fressure de mouton frite et dans une omelette, fut administré à forte dose et le chien mourut. Autopsie faite le lendemain par 7 barbiers et chirurgiens (cirurgiens) pour ouvrir led. chien. (Bibl. de l'École des chartes, 4° série. I.)

F. — Pathologie aviaire.

La chasse, au moyen d'oiseaux de proie, bien que d'origine très ancienne, ne semble pas avoir été bien connue des Grecs et des Romains. Elle fut très en honneur chez les peuples de l'Orient et elle l'est encore de nos jours. Nous avons déjà mentionné, à propos de la période arabe, les nombreux auteurs de traités de fauconnerie, et, montré la part qu'ils ont prise à l'extension de ce genre de sport, qui, à partir du xııe siècle, s'implantait chez les peuples d'Occident (1), comme passe-temps favori de la noblesse.

---

(1) D'après M. Piétrement la chasse au faucon aurait été pratiquée en Gaule dès le ve siècle.

C'est à cette époque que surgirent les traités de fauconnerie qui précédèrent ceux de vénérie.

Dans l'*empire byzantin*, nous signalerons l'ορνεοσοφιον de Demetrios Pepagomenos.

En *Angleterre*, les lois de Walis, les traités de vénerie de Twici et autres, prouvent que la chasse avec oiseaux de proie était fort estimée des Anglo-Saxons.

En *Espagne*, nous citerons les traités « *de la monteria* » de l'empereur Alphonse XI et de Pedro Lopez d'Ayala.

En *Allemagne*, nous avons Albert le Grand, qui, dans son histoire des animaux, donne quelques indications sommaires sur les maladies des oiseaux de chasse.

C'est en *Italie* que ce genre de sport paraît avoir été le plus cultivé, si l'on en juge par la quantité de manuscrits de fauconnerie qui nous sont parvenus. Ce sont notamment ceux de Frédéric II, de Crescens, de Giovanni, de Artetouche de Alagona.

En *France*, nombreux sont les gentilhommes qui s'occupèrent de fauconnerie et consignèrent leurs observations dans des écrits, dont plusieurs revêtirent la forme poétique. Parmi les principaux, nous signalerons les traités de Dancus, du roi Modus et de la reine Racio, de Phébus, de Jehan de Franchières, de Tardif, dont nombreuses furent les éditions.

Cependant, la plupart de ces auteurs semblent avoir puisé leurs connaissances dans des ouvrages antérieurs. Franchières, Tardif citent fréquemment : *Michelin*, fauconnier du roi de Chypre. — *Moamin* ou *Moamus*, écrivain arabe, dont le vrai nom serait Mohamed Tarkani, dit aussi al Farabi. Vers 1240, Frédéric II fit faire par son médecin, Théodore, une traduction de ce traité. — *Guicennas*, *Guillenus*, fauconniers d'Orient (1).

___

(1) Pour ceux qui désireraient s'occuper de fauconnerie, nous renverrons aux ouvrages suivants :

1. De Hammer Purgstall. Falknerklee. Pesth, 1840, in-8".
2. Rigault. Rei accipitrariæ scriptores. Lutetiæ, 1612, in-4°.
3. Biblioteca venatoria di Guttierez de la Vega. Madrid, 1877, in-8°.
4. *Trattati (due) del governo e delle infermita degli uccelli*, testi di lingua inediti cavati di un codice vaticano e pubblicati e con note illustrati dal prof. Giuseppe Spezi (di Roma).
Roma tipografia delle scienze matematiche e fisichi, 1864, in-8", 84 p. (Zambrini).
5. *Libro del gandolfo (sic) Persiano delle medesine dei falconi*, publicato per a prima volta dal prof. Giuseppe Ferraro. Bologno, Presso Gaetano Romagnoli, 1877, in-16, 154 p. (Zambrini).
6. Traité de Fauconnerie, par A. Schlegel et Verster de Wulverhorst.
Leiden et Dusseldorf. Arnz et Comp., 1844-1853, gr. in-fol.
7. Trattato di falconeria, testo di lingua inedita del secolo xiv, trattato da un manoscritto della biblioteca Ambrosiana a cura dell' abate Antonio Ceruti.
Bologna, tipi Fava e Gurugnani, 1870, in-8, p. 56.

A. — Pathologie interne.

I. — MALADIES DE L'APPAREIL DIGESTIF

1° — FISSURES DU BEC.

Bec rompu ou disjoint. (Tardif. Franchières, l. 2, ch. 25.)

Ces fissures ou ruptures du bec seraient la conséquence du séjour prolongé de parcelles alimentaires, qui, en se putréfiant, en détermineraient la rupture.

« Sècheraient le bec qui tombe en éclats. »

D'après Franchières cet accident serait aussi le résultat du manque de soins dans l'entretien du bec, entre autres de ne pas

« Appointer le bec qui croit tant qu'il se rompt, puis s'engendre une formière
« qui le fait éclater. »

2° — CONTUSION DU MAXILLAIRE.

Mal des mâchoires. (Franchières, l. 2, ch. 24.)

Contusion due à la constriction produite sur les branches du maxillaire inférieur par un chaperon trop petit ou trop serré. Le chaperon était une espèce de coiffe en cuir, plus ou moins ornée, dont on enveloppait la tète des faucons au moment du dressage.

3° — SANGSUES DANS LE GOSIER.

(Tardif, Franchières, l. 2, ch. 23.)

Cet accident survient quand l'oiseau se baigne dans une mare. En buvant pénètre dans la bouche « *une petite sangsue qui s'enfle du sang de l'oiseau.* Elle peut même gagner les narines et provoquer l'asphyxie.

Pour en débarrasser l'animal, les fauconniers conseillent de mettre de la moutarde sur le nez ou bien de faire des fumigations de fumée de punaises brûlées.

4° — GONFLEMENT DU PALAIS.

Franchières, l. 2, ch. 22. — Chancre au palais. Phébus.

L'oiseau devient triste et n'ose plus serrer le bec. Le palais tuméfié revèt une teinte blanchâtre. Peut-être est-il ici question de plaques de muguet.

Les fauconniers ajoutent que quelquefois le bec des oiseaux se ferme difficilement à cause de l'inégalité de longueur de ses branches.

5° — INFLAMMATION DES GLANDES SUBLINGUALES.

Barbillons ou fourchillons. (Tardif, Franchières, l. 2. ch. 19. Phébus.)

Cette affection était caractérisée par le gonflement des mâchoires, l'inappétence et la difficulté dans les mouvements du bec, la tuméfaction de la langue et des barbillons.

Comme traitement, on recommandait les lavages de l'intérieur de la cavité buccale avec de l'huile d'amandes douces ou d'olives. Franchières conseillait de couper le bout des barbillons.

6° — Obstruction du jabot.

L'oiseau n'enduyt pas bien sa gorge. (Tardif, Franchières, l. 3, ch. 15, 16, Artelouche.) — Haleine puante. (Tardif, Modus et Racio, Phébus.) — Gorge rocte ou rompue. (Artelouche.)

Il est probable que ces expressions se rapportent à l'obstruction du jabot, accident qui, disent les fauconniers, serait la conséquence de l'ingestion d'aliments trop volumineux ou avalés trop gloutonnement. *L'haleine puante* indiquerait peut-être la gangrène des tissus.

Dans le cas de surcharge, Malopin conseille de fendre la gorge, de retirer les matières alimentaires en excès, puis de recoudre la plaie au préalable essuyée avec du coton imbibé de vin.

7° — Entérite.

L'oiseau ne peut émutir. *(*Tardif.*)* — Mal de pierre ou croye. Craye. (Franchières, l. 3, ch. 2. Artelouche. Tardif. Dancus.) — Petra. (Albert le Grand.)

Symptômes : Gonflement des yeux, efforts de défécation. « *Emeu* (excréments) *comme eau trouble, quelquefois visqueux comme chaux.* » Il s'agit probablement de la diarrhée blanche, crayeuse, due à l'excès d'acide urique.

Les auteurs de fauconnerie décrivent aussi la *crotte* des éleveurs, agglutination au pourtour de l'anus de cette matière blanche qui se dessèche, « *il a l'orifice du fondement constipé et lui deult* ».

Ils reconnaissent aussi plusieurs stades dans la gravité ; tantôt il n'y a qu'un écoulement pur et simple, tantôt « *ladicte pierre se concrète* » au bout du boyau du fondement,

« Et devient si grosse que l'oiseau ne pouvant la jeter dehors devient tout maigre, « constipé et meurt ».

Ils signalent même le renversement du rectum à la suite d'efforts de défécation.

Les traitements sont variés :

Suppositoires d'aloès ou de lard saupoudré d'aloès. Si le lard est trop mou, mettre une plume au centre, et la retirer quand le suppositoire est en place. Pilules de clous de girofle. Alimentation variée.

Lavements « *clystère* », notamment d'aloès, au moyen d'une vessie terminée par un bout de plume d'oie.

Dans le cas de constipation simple, on donnait des pilules de chair de porc saupoudrées de vers de terre, d'aloès.

8° — Indigestion intestinale.

Ventosité. (Tardif. Phébus.)
« Le ventre de l'oiseau gourgouille par ventosité. »

9° — Maladies vermineuses intestinales.

Aiguilles ou aguilles ou lumbriques. (Phébus. Tardif. Franchières, l. 3, ch. 36.) — *Anguillœ. Tinea.* (Albert le Grand, l. 32, ch. 19.) — Filandres. (Modus et Racio. Franchières, l. 3, ch. 4. Tardif. Phébus.)

Symptômes : Plaintes la nuit. L'oiseau étreint le poing quand on le porte, se déplume le ventre. *Esmues* (excréments) *pleins de filz de char longue* (filandre); *vers ou char rouge qui est le vers.* (Phébus).

Traitement : Appliquer des emplâtres divers sur le ventre déplumé ; poudre de lentilles, de vers et miel ; jus d'herbe de rue et de feuilles de pêcher. Ingestion de thériaque « *tiriacle* », aloès, poudre de vers et pilules « *en boyau de poule lié aux deux bouts* ».

« Si vostre faucon a les *filandres* vous le scaurez, dit Modus, à ses esmues qui « seront plains d'une matière en manière de filez de char ». (f° 93 b.)

II. — MALADIES DE L'APPAREIL RESPIRATOIRE

1° — Coryza.

Enfondure. Morfondure. (Franchières, l. 3, ch. 13. Dancus.) — Reume au cerveau. (Tardif. Phébus.) — Rhume. (Franchières, l. 2, ch. 8, 9, 10.) — Catarrhe. (Artelouche.) — Narilles par reume constipées. (Tardif.) — Enroidiz. (Dancus.) — Humor capitis tumefactio cerebri. (Albert le Grand, l. 23.)

Écoulement par les narines, larmoiement, gonflement de la tête, éternuement, raucité, ronflement.

Les fauconniers prétendaient que cette affection était plus fréquente chez les oiseaux maigres, d'où la maigreur invoquée comme cause étiologique.

Ils lui reconnaissaient une certaine gravité dans certains cas, car ils supposaient qu'un simple rhume pouvait se compliquer de maladies d'yeux, de pépie, de diphtérie et même déterminer la mort par suffocation.

Comme traitement, ils conseillaient de réchauffer l'oiseau près du feu et de lui insuffler de la thériaque dans les narines.

Ils avaient aussi recours à la cautérisation de la tête avec un cautère rond de la grosseur d'un petit pois ; à la cautérisation de l'espace compris entre l'œil et le bec au moyen d'un cautère plat de la longueur d'un canif, et enfin à l'introduction dans les narines d'un cautère pointu.

2° — Suffocation par des matières alimentaires dans la trachée.

Prendre un tube de métal ou une plume d'oiseau, l'introduire dans la trachée et aspirer jusqu'à ce que les matières alimentaires soient retirées. (Tardif.)

3° — Parasites du bec.

Maladie en la couronne du bec. (Tardif) — Fourmières. (Franchières, l. 2, ch. 16, 17.)

La couronne devient rousse et se décharne. Ce sont, dit Tardif, des poux qui rongent la couronne du bec et entrent dans les narines.

Faire de petites mèches de papier de la grosseur d'une aiguille, les allumer et cautériser le pourtour du nez. D'autres cautérisent avec un fer rond, mais c'est plus dangereux.

4° — Maladies des poumons.

Asme, Pantais, Pantois (Tardif, Franchières, l. 3, ch. 10, 11).— Asma ou pantail, (Artelouche). — Asme, autrement dit pantais (Phébus). — Poumon eschauffé (Tardif). — Bulsum asmaticus (Albert-le Grand, l. 23.)

C'est plutôt la congestion pulmonaire que l'asthme.

L'oiseau atteint de cette maladie, remue constamment la tête, la frappe violemment contre sa poitrine, respire très difficilement, et remue fréquemment la queue.

« *Quand le mal augmente il ronfle par engoisse d'avoir son haleine.* »

Quelquefois il jette par le nez des matières dures, *morvas*, signe de guérison.

Pantoisement, Pantoier, Pantoisier, Pantcisier, Pantaiser, Panteser, s'appliquent à la difficulté de la respiration. Au moyen âge ces termes signifiaient haleter, avoir l'haleine courte, respirer avec peine.

> « Sor 1 cheval dolent et las,
> « Et *panteisant* et tressué.
(Chrest, cheval de la charete. Rich. 12560, f. 43, (Godefroy).

5° — Syngamus trachealis.

Filandres en la gorge (Tardif, Franchières, l. 3, ch. 3, Artelouche.)

Bâillements fréquents. Quelquefois les vers s'amassent en telle quantité dans la gorge que les oiseaux meurent. Quand l'oiseau bâille, pensant se débarrasser de ces parasites, on les voit quelquefois s'agiter dans le gosier.

C'est probablement du *syngamus trachealis* dont il est ici question.

III. — MALADIES DU SYSTÈME NERVEUX

Épilepsie.

Haut mal, dit epilence (Tardif). — Haut mal, épilepsie (Franchières, l. 2, ch. 26. Artelouche). — Haut mal (Phébus.)

« L'oiseau chet soudainement et gist par aulcun temps comme mort »,

yeux clos, paupières enflées, haleine puante. Tardif croyait cette affection contagieuse.

Traitements variés. Purgatifs, pilules de poudre de lentilles rousses, de limaille de fer bien menue et de miel, cautérisation de la tête avec un cautère rond ; des deux fossettes situées derrière la tête. (Malopin).

Aymé Cassian conseille de fendre la peau à l'endroit de ces fossettes et de lier avec un fil de soie la veine qui s'y trouve.

IV. — MALADIES DE L'APPAREIL LOCOMOTEUR

A. — Région digitée.

1° — BLEIME.

Pieds enflés. (Franchières, l. 4, ch. 12 ; Tardif.)

Cet accident, dit Tardif, est plus fréquent chez le gerfaut. Il mentionne comme cause une contusion violente par suite d'une chute trop rude sur la proie ; la compression des pattes par des *gieclz* (entraves) trop durs et trop serrés.

Comme traitement, il conseillait l'application d'un liniment composé de poudre d'aloès, de myrrhe, de safran, de camphre, de terre d'Arménie et de vinaigre, ou d'un drap trempé dans l'eau froide.

Malopin recommande la saignée pratiquée en taillant les ongles des pattes de si près que le sang en sorte.

2° — FRACTURE ET CHUTE DE L'ONGLE.

Ongle rompu. (Franchières, l. 4, ch. 23 ; Dancus, Albert le Grand.) — *Ongles qui se descharnent.* (Tardif.)

« *Quand l'ongle est rompu en totalité et qu'il ne reste que le tendron ou* « *cartilage de dedans* », faire un doigtier de cuir très mince et souple, l'emplir de graisse de géline, y introduire le doigt malade et attacher le doigtier à la patte de l'oiseau au moyen de deux courroies. Renouveler ce doigtier de deux en deux jours jusqu'à guérison.

S'il y a hémorragie, mettre de la poudre de sandragon sur la plaie.

Albert le Grand dit que si l'ongle est arraché, il ne repoussera jamais ; néanmoins, pour guérir le doigt, il conseille de mettre la partie malade dans le ventre d'une souris encore chaude, et après d'enduire de moelle de pied de porc. D'après Tardif, s'il y a simplement déchaussement de l'ongle, on le remet en place ; on pulvérise dessus de la boue de fer (éclats de fer forgé), et on attache l'oiseau pendant 7 à 8 jours jusqu'à ce que les ongles soient repoussés.

3° — CREVASSES.

Fontaine au pié. (Modus et Racio.) — *Hémorroïdes es piés.* (Tardif.)

9

4° — PLAIES.

Trous en la plante. (Tardif.)

Mettre emplâtre d'aloès, de poudre de chélidoine, vinaigre.

5° — FOURMIÈRE (?).

Oiseau qui gâte ou ronge ses pieds. (Tardif; Franchières, l. 4, ch. 15.)

Se remarque surtout chez les émérillons. L'oiseau s'abîme les pieds à force de se gratter avec son bec. Onctions diverses. « *Afin que l'oiseau ne puisse « se toucher les pieds de son bec, percer une feuille de papier et la mettre « au cou de l'oiseau en la pendant devant.* » Espèce de carcan qui empêchait l'oiseau de baisser la tête.

B. — Membres.

6° — GOUTTE ou RHUMATISME.

Podagre. (Tardif. Albert le Grand, Artelouche.) — *Goutte.* (Franchières, l. 4, ch. 14.) — *Clous ou galles.* (Phébus.)

Les symptômes décrits : gonflement de la plante des pattes, rendant la stabulation debout impossible, la présence de dépôt de matière blanchâtre dans la tuméfaction (clous ou galles), paraissent se rapporter à la goutte à laquelle les fauconniers reconnaissaient une certaine gravité.

Comme traitement, ils faisaient des onctions d'onguent composé d'alun, de mastic, d'encens, de cire, de miel, de tormentine, de sang de castor, de graisse de géline et de vinaigre. Ils cautérisaient les clous avec une mèche de papier allumé et, s'ils étaient saillants, avec un cautère chaud.

Les auteurs de fauconnerie distinguaient diverses espèces de goutte dont il nous est impossible de reconnaître la nature :

Goutte silere. (Dancus. Albert le Grand.) — *Goutte ganfle.* (Dancus.) — *Ganffe* est synonyme de cuisse. — *Goutte des rains.* (Dancus, Artelouche. Albert le Grand.) — *Goute salée. Gutta salsa.* (Albert le Grand). — *Sarcini, Surcinum muriani, Surcini. Goutte du chief.* (Dancus.) — *Mal es rains. goutte es rains.* (Dancus, Artelouche.)

7° — ARTHRITE.

Enflure des cuisses, des jambes (Tardif, Franchières, l. 4, ch. 13.)

Les symptômes de cette maladie tout en se rapportant à l'arthrite, peuvent également s'appliquer à la goutte. Le traitement consistait principalement en purgatifs. Faire cuire douze œufs, en retirer le jaune, les mettre dans une poêle sur un feu clair jusqu'à ce qu'ils deviennent noirs, ajouter de l'huile d'olive, faire réduire, et presser les œufs de façon à exprimer toute l'huile. Prendre ensuite dix gouttes de cette huile, ajouter trois gouttes d'eau de rose et oindre les articulations malades.

8 — FRACTURE DE LA CUISSE.

Enlever les plumes de la région fracturée.

Mettre la fracture en place, et appliquer un emplâtre composé d'écorce de chêne pulvérisée, de sang dragon, de blanc d'œuf. Entourer ensuite le membre de bandes de linge propre en ayant bien soin de ne pas trop serrer les tours de bande « car cela pourrait faire sécher le pied de l'oiseau. » (Cassian, Franchières, l. 4, ch. 10.)

Albert le Grand (l. 23, ch. 21), conseille l'emploi d'un emplâtre de mastic d'oliban, de consoude et de blanc d'œuf; puis pour consolider la fracture, il recommande de placer la cuisse entre une penne d'aile de vautour fendue en deux.

D'après Tardif, après l'application d'un emplâtre il faudrait mettre des attelles (*hastelle*) et emmailloter l'oiseau afin que l'os se reprenne plus vite.

Tous recommandent de laisser l'emplâtre en place 4 à 5 jours puis de le renouveler de 4 en 4 jours.

9° — FRACTURE ET LUXATION DE L'AILE.

Remettre la fracture ou la luxation en place; appliquer un onguent consolidant, placer les deux ailes en croix sur le dos et emmailloter le tout d'une bande de façon que l'oiseau ne puisse plus remuer (Franchières, l. 4, ch. 6, 8, 9.)

V. — MALADIES DES OREILLES

CATARRHE AURICULAIRE.

Affection caractérisée par de l'*humeur dans l'oreille*. Prendre, dit Cassian, un fer à bout arrondi de la grosseur d'un petit pois, le faire chauffer, le tremper dans l'huile et l'enfoncer dans l'oreille. « *Mais gardez-vous de mettre le fer trop avant ou trop chaud, car il pourrait arriver du mal.* » (Franchières, l. 2, ch. 11.)

SURDITÉ.

Opilation ou sourdité. (Tardif. Phébus.)

Purger, saupoudrer les aliments de poivre blanc.

Tardif dit que le coryza est la cause essentielle de la surdité ainsi que du catarrhe auriculaire.

VI. — MALADIES DES YEUX

1° — CONJONCTIVITE.

Enflure et viscosité des paupières. (Tardif. Phébus.) — Mal des paupières. Enflure des yeux. (Franchières, l. 2, ch. 6, 12, 14, l. 2, ch. 14.) — Larmes ou escume saillant des yeux. (Tardif.)

Affection caractérisée par le gonflement des paupières, qui deviennent noirâtres et sont souvent réunies l'une à l'autre par une matière visqueuse. Les fauconniers lui reconnaissaient une certaine gravité puisqu'ils signalaient comme accidents consécutifs la cataracte, la perte de l'œil, si on n'y remédiait promptement.

Si les paupières sont visqueuses, les laver avec du vin vieux et insuffler de la poudre de fiente de vache jeune desséchée. Cassian conseille de cautériser la tête avec un fer rond ou les narines avec un fer pointu. Malopin cautérisait les parties tuméfiées avec des mèches de papier de la grosseur d'une aiguille.

2° — OPHTALMIE. — CATARACTE.

Albugo. Macula. (Albert le Grand, l. 23.) — Blancheur. Taye ou vérole. (Tardif. Phébus. Franchières, l. 2, ch. 15.) — Mal de yeux de cop ou de tayes. (Modus ou Racio. — Véroles. (Crescens, l. 9. ch. 92.)

Purger, insufflations de poudre de coquilles d'œufs et de sel gemme dans le cas où cette affection est la conséquence d'un coryza.

Si elle est le résultat d'un coup, appliquer sur l'œil de l'arsenic rouge pilé, de la racine de coriandre, du sang chaud tiré de la veine de dessous l'aile d'une colombe.

S'il y a taie, la faire enlever par un chirurgien ou un barbier.

3° — PTÉRYGION.

Ongle. (Franchières, l. 2, ch. 13.)

Petite taie, un peu noirâtre, qui vient comme une bande couvrir le coin de l'œil du côté du bec.

D'après Cassian, on prend une petite aiguille enfilée d'un fil de soie, on l'introduit dans l'ongle qu'on lève doucement avec le fil et qu'on coupe ensuite avec des petits ciseaux.

4° — VERS ENGENDRÉS AUX YEUX.

Renverser les paupières avec un cure-oreille et enlever les « *vers e extrémités haultes des yeulx.* » S'il en demeure qu'on ne puisse ôter, asperge de vinaigre et nettoyer l'œil avec de l'eau miellée. (Tardif.)

VII. — MALADIES DES TÉGUMENTS

1° — CASSURE DES PLUMES.

Penne rompue. (Modus et Racio. Albert le Grand, Dancus, Franchières.)

On coupe la partie cassée avec des « *forces* » de façon que la section so nette et droite, on prend ensuite une plume semblable à celle qui e brisée. on la coupe au même endroit et on introduit dans sa tige une aiguil carrée, pointue aux deux extrémités, cette aiguille doit être au préalable trempée dans du vinaigre ou dans de l'eau salée et introduite de façon que la moitié sorte au dehors. La plume remplaçante étant ainsi apprétée, on la mettait en place en introduisant la partie libre de l'aiguille dans la tige de la penne rompue. Cela s'appelait enter une plume et on donnait le nom de *Hallebrené* à l'oiseau dont les pennes étaient rompues.

L'immersion de l'aiguille dans du vinaigre ou l'eau salée avait pour but de déterminer l'oxydation et d'augmenter la solidité de la penne remplaçante.

Dans certains cas on ne pouvait agir toujours aussi facilement.

Quand la rupture avait lieu tout en haut, dans un endroit trop mou où l'introduction de l'aiguille aurait eu pour résultat l'éclatement de la plume, on sectionnait la penne plus bas et on opérait comme ci-dessus.

Si la rupture avait lieu à l'extrémité inférieure, trop près du tuyau (*tuel*), la cavité trop large empêchant la fixation de l'aiguille, on procédait ainsi : on coupait la plume rompue avec un couteau tranchant ; on prenait ensuite une penne identique à celle qu'on voulait remplacer, on la coupait obliquement au même endroit et on l'introduisait dans le tuyau de l'autre. Puis, au moyen d'un petit poinçon, gros comme une aiguille carrée, enfilé d'un fil de soie torse, on cousait les deux plumes ainsi réunies.

Si la rupture n'a lieu que d'un côté, alors que l'autre tient encore, on fait avec l'aiguille un trou de chaque côté de la rupture et on fait une suture.

En général les fauconniers se servaient d'aiguilles faites exprès pour enter les plumes (aiguille carrée, pointue aux deux extrémités, semblable à l'aiguille des pelletiers).

2° — FROISSEMENT DES PLUMES.

Penne ployée ou froissée. (Modus et Ratio. Dancus, Franchières, l. 4, ch. 28.)

On remédiait à cet accident en introduisant la plume pliée ou froissée entre les deux branches d'une tige de chou rouge bien chaude. On ligaturait le tout et on laissait en place jusqu'à refroidissement.

3° — ARRACHEMENT DES PLUMES.

Penne arrachée. (Franchières, l. 4, ch. 29.)

On prend, dit Cassian, un grain d'orge ou d'avoine, on l'enduit de thériaque et on l'introduit dans le « pertuis » de la penne arrachée afin que le trou ne puisse se fermer et que la penne nouvelle puisse sortir librement.

4° — PLAIES. — MORSURES.

Étuver de vin tiède. Si la plaie est large, la suturer. Si elle est petite et profonde, la débrider. Onctions diverses. (Tardif. Franchières, l. 4, ch. 11. Dancus. Albert le Grand.)

5° — POUX.

Pediculosus. (Dancus. Crescens, l. 9, ch. 87.) — *Poux.* (Franchières, l. 4, ch. 26. Tardif. Modus et Racio.) — *Pouilleux.* (Guillaume le Fauconnier.) — *Poulz es plumes.* (Phébus.).

Arroser les plumes avec une décoction de staphysaigre, de vin, d'eau et de lupins amers.

Pour voir si l'oiseau a des poux, l'exposer au soleil de midi, alors ces parasites se montreront par dessus les plumes.

6° — PARASITES DES PLUMES.

Tine. (Dancus.) — *Tynes.* (Albert le Grand.) — *Soies* ou *vermine.* (Albert le Grand.)— *Teignes en pennes, en l'esles.* (Tardif. Modus. Franchières, l. 4, ch. 23. Phébus.) — *Tynolle.* (Artelouche.)

Les auteurs d'autourseries de cette époque reconnaissaient la nature contagieuse de cette affection parasitaire, car ils recommandent, entre autres, « d'empêcher tout contact avec l'oiseau teigneux, et qu'il ne soit pas « mis de nourriture sur le gant sur lequel il aura été, car il prendrait la « teigne. » (Franchières. Tardif.)

Traitements extrêmement variés.

Tardif en reconnaît deux espèces :

1° L'une ronge la penne au bout du tuyau et il ne reste que le bâton ;
2° L'autre fait choir la penne saignante au bout.

Cette dernière est caractérisée par une vessie qui se forme où ladite penne tient, la pourrit, et elle tombe pour ne plus repousser.

Franchières en distinguait trois variétés :

1° Celles qui font tomber les grandes et grosses pennes de l'aile et de la queue ;
2° Celles qui mangent les plumes tout le long du tuyau de la penne ;
3° Celles qui font que les pennes se fendent tout au long du tuyau.

Tous disent que ces parasites forment des espèces de vessies dessous les ailes et la queue et dénudent ces parties.

Dancus dit qu'on n'a qu'à percer le cuir avec une aiguille là où est la tine, et on trouve « en l'èle » une soie semblable à celle du cheval.

G. — Maladies contagieuses et infectieuses.

1° — FIÈVRE CHARBONNEUSE. — CHARBON SYMPTOMATIQUE.

Latin. — Anticuor, anticor, contra cor. (Ruffus, ch. 3. Rusius, ch. 147. Crescens, l. 9, ch. 16.)

Français. — Anticour. (Ms. lat. n° 1553, ch. 3.) — Avent cuer, anticoire, anti-

core. (De Villiers, ch. 67. Ms fr. n" 25341, ch. 3.) — Averticœur. (Oudin.
La Curne Sainte Palaye.)

Gonflement, tuméfaction à marche rapide de la région du poitrail, d'autant
plus grave qu'on n'y remédie promptement ; tristesse, inappétence.

Il s'agit probablement du charbon, ainsi que l'indiquent les expressions
d'anti-cœur, d'avant-cœur, qui pendant longtemps ont servi à désigner les
tumeurs charbonneuses du poitrail. Cependant il semble qu'on a dû les
confondre souvent avec les engorgements farcineux, car Ruffus, ch. 3,
Rusius, ch. 147, leur donnent également le nom de *vermes, dicto anticuore*.
Or, *vermes*, comme nous le verrons plus loin, est synonyme de farcin.

On a probablement donné le nom *d'anticor* à des tumeurs de nature
diverses puisque certains auteurs paraissent croire à la guérison de
quelques-unes d'entre elles.

Les traitements préconisés sont nombreux : saignée à la cuisse, incisions
des tumeurs, sétons aux cuisses, scarifications avec la flamme « *flebotomia* »
extirpation de la tumeur.

Voir : Pathologie ovine, n° 9.

2° — Morve et farcin.

Latin. — Cymorra, seu capitis morbus, cimora, cimoira (Rusius, ch. 71. Ruffus,
ch. 16.) — Vermes. (Rusius, ch. 71, 144, 146, 147, 171. Ruffus, ch. 16. Albert le
Grand, l. 22. Crescens, l. 9, ch. 15.)

Français. — Chamoire, camoire, cimoire. (Ms. fr. n° 2002, fol. 35, 44, v.
Ms. fr. n° 2001, f° 9. Ms. fr. n° 25341, ch. 16. Ms. lat. n° 1553, ch. 16.) — Morves.
Morvens. (Ms. fr. n° 2001, fol. 8 et 9. De Villiers, ch. 42, 43, 102.) — Farcin,
farssin, farsin. (Ms. fr. n° 25341, ch. 12. Ms. fr. n° 2002, fol. 44. v". Ms. fr. 2001,
fol. 8, 18. De Villiers, ch. 42 à 52, 135.) — Ver. (Ms. lat. 1553, ch. 1, 2, 3.
Ms. fr. 2002, f° 35. Crescens. Trad. fr., éd. 1516.

Cimora, camoire, etc., etc., est la morve proprement dite. Du reste, elle
est encore désignée en italien moderne sous les noms de *ciamorro, cimurro*.
Les anciens la considéraient comme la conséquence de refroidissements,
d'un rhume mal soigné ou comme complication du farcin. Les symptômes
qu'ils donnent de cette affection sont : narines, oreilles, membres froids ;
tête basse, inappétence ; jetage « *gect humeur par les narines si comme
yeaue* ». La plupart la considéraient comme une des maladies les plus dangereuses, les plus incurables. Toutefois ils ont souvent confondu la morve avec
d'autres affections des voies respiratoires, notamment avec la gourme.
Parmi les nombreux traitements qu'ils préconisent, nous relevons les suivants : faire paître des herbes courtes afin que le cheval en paissant baisse
la tête, ce qui permet l'écoulement facile du jetage ; fumigations diverses ;
ramonage du nez avec une pièce de drap attachée au bout d'un bâton et

enduite de savon noir ; cautérisation du front, des épaules, des sourcils, de la queue.

Notre expression « morve », en tant que maladie du cheval, paraît dater de la fin du xve siècle. Guillaume de Villiers s'exprime ainsi à propos du farcin : « *En vérité plusieurs maistres maréchaux appelle ceste maladie morve.* (Ch. 43.)

On en trouve plusieurs exemples dans la littérature médiévale.

« Un vendeur de chevaux n'est tenu de leurs vices fors de *morve*, courbes et courbatures ». (Loysel, p. 418.)

« Morfonduz sont vos chevaulx et morveux ». (Desch. f. 222. La Curne Sainte-Palaye.)

Ce terme médical tire évidemment son origine des expressions suivantes : *morve*, *morveus*, *morval*, *morveau*, *morvel*, qui se rapportaient toutes au mucus de la pituitaire, ainsi que le prouvent les exemples suivants :

« Il vaut mieux laisser son *enfant morveux* que de lui arracher le nez. » (Cotgrave.)

« Il se mouschoyt à ses manches, il *mourvoit* dedans sa soupe. » (Rabelais. Gargantua, ch. 11.)

« Mucus morvel de nes ». (Gloss. lat. fr. Rich. 76, 79, fo 219 vo.)

Nous sommes loin de l'origine attribuée au mot morve par Lenglet-Mortier et Albert Vandamne. (Nouvelles étymologies médicales tirées du gaulois. Paris, 1857). D'après eux, cette expression viendrait du gaulois *marw* ou *murw* qui donnerait l'idée d'une chose qui se décompose, se corrompt, se pourrit. Elle aurait donné naissance au latin *morbus* et au français morve.

Le *vermes* caractérise plutôt le farcin. On le retrouve dans le *wurm* du haut allemand. Les hippiatres lui ont donné ce nom parce que cette affection « *perce la peau comme un ver* (vermes). » Le mot farcin remplace le ver ou vermes vers la fin du xve siècle.

Farsin, *farssin*, *fresin*, *frecineus*, sont des expressions fréquemment employées par la littérature du moyen âge pour désigner une affection du cheval.

> Ne li a laissé c'un roucin.
> Qui cloche et si a le fresin
> > (Estrub. ms. 7996, p. 53. La Curne Sainte-Palaye.)

> Frecineus est dedans le ventre.
> > (G. Machault. Le dit du cheval, p. 80. Godefroy.)

Le farcin, dit Ruffus, est une maladie qui commence au poitrail, descend entre les coxaux, les cuisses, les testicules, sous forme de gonflements (engorgements farcineux), perforant les cuisses d'ulcères (boutons, cordes et tumeurs farcineuses). La chair et le cuir se rompent et il se forme des trous nombreux par où s'échappe de la sérosité putride.

Guillaume de Villiers en distingue trois espèces qui ne sont que l'expression symptomatique des divers symptômes de la diathèse morvo-farcineuse.

1. *Le farcin corde.* « Ceste maladie vient en plusieurs lieux et en plusieurs
« manières et vient par boutons et aussi comme cordés. »

Ce sont les cordes farcineuses.

2. *Farcin qui n'est point corde.* « Se boute hors par boutons en plusieurs lieux. »

Boutons farcineux.

3. *Farcin volant* (vermes volativus). « Cestui farcin vient en plusieurs manières
« et lieux, en especial vers la teste plustôt que ailleurs tant que le cheval en a
« aucunes foiz la teste enflée en telle manière que le cheval gecte une humeur par
« la nazille ainsi eau espesse et par se comme morve, et en vérité plusieurs maistres
« maréchaux appelle ceste maladie *morre* quant elle vient de la tête et icelle sault
« hors par les nazilles. » (Guillaume de Villiers, ch. 42.)

Albert le Grand conseille d'y apporter un prompt remède, car, dit-il, si la
maladie fait irruption dans les parties musculeuses, tendineuses ou articu-
laires, la guérison devient de plus en plus difficile, ce qui prouve bien la
confusion des anciens hippiatres avec d'autres affections similaires (gourme,
horse-pox, angeioleucites).

On préconisait les cautérisations profondes, les saignées nombreuses, les
sétons au poitrail et aux cuisses, l'extirpation des tumeurs (*glandulæ* ou
vermes), probablement des glandes de morve.

Pour le *vermes*, Rusius admet la contagion, puisqu'il dit que cette maladie
provient du contact des chevaux sains avec les chevaux farcineux, cette
affection étant une maladie contagieuse (*contagiosus morbus est*)

3° — GALE. — PHTIRIASE.

Grec. — Ψωρα. Phémon, l. 22, 50.

Latin. — Scabies. (Albert le Grand, l. 22. Ruffus, ch. 22. Rusius, ch. 72.) —
Galla. (Crescens, ch. 10, 43.)

Français. — Rogne, rongne, roigne. (Ms. lat. 1553, ch. 26. Ms. fr. 2002,
fol. 55, 56. Ms. fr. 2001, fol. 9, 20. De Villiers, ch. 75, 76, 77. Tardif. Phébus,
Modus.) — Mangeoison. (Ms. fr. 25341, ch. 25.) — Gratelle. (Ms. fr. 2001, f° 20.
Tardif.)

Scabies qui a pour signification démangeaison, dérive de *scabo*, gratter,
se gratter. Au moyen âge, cette dénomination, ainsi que celle de *rogne*,
s'appliquait à toute affection de la peau, notamment du garrot et de la
queue, caractérisée par un prurit plus ou moins intense.

Albert le Grand, Rusius, n'en méconnaissaient pas le caractère contagieux,
car ils admettaient comme causes principales, le séjour dans une écurie où
un cheval galeux aurait pris sa nourriture; le contact avec des objets de
pansement lui ayant servi, etc.

Phébus en reconnaît quatre variétés chez le chien.

1. *Rongne* « qui pelle le chien et lui fait fendaces au cuir et fait cuir gros et
« épais ». Difficile à guérir.

2. *Rongne roulentiers* « qui n'atteint pas tout le corps, mais se localise plus « *roulentiers* aux oreilles et aux jambes ». Guérison plus difficile.

3. *Rongne de gresse.*

4. *Rongne commune.*

Voir pathologie ovine, n° 6.

Traitements variés : saignées au cou; frictions jusqu'au sang avec un bouchon de paille, de poils ou de crins durs ; application d'onguents variés.

Dans un compte de Louis XI (Cimber et Danjou) on trouve plusieurs notes relatives à l'achat de divers onguents pour faire « *oingnements* » à chiens enfondus ou galeux.

<h3 align="center">4° — GOURME.</h3>

Latin. — Strangulina. (Albert le Grand, 1. 22.)

Français. — Gourme ou froideur de tête. (De Villiers, ch. 103.)

« Tout le meat de la gorge par lequel la respiration du cheval descend des « narines aux poumons est serré gravement par la toux ».

Les causes mentionnées : ingestion d'aliments secs et poussiéreux, de boissons trop froides ; séjour prolongé dans un lieu froid, semblent se rapporter à la pharyngite. C'est ainsi que nous l'avons décrite du reste dans le chapitre relatif aux maladies de l'appareil digestif.

Mais comme Albert le Grand, à plusieurs reprises, parle de la perniciosité de cette maladie qui se convertit en *morvella*, si on n'y remédie promptement ; de sa transmission possible par le contact des chevaux malades avec les chevaux sains, nous pouvons également supposer qu'il s'agit aussi de la gourme.

<h3 align="center">5° — RAGE.</h3>

Grec. — Εἰς λυττησοντα. (Phémon, ch. 8, 28, 49.)

Latin. — Rabies. (Albert le Grand, 1. 22.)

Français. — Raige. (Phébus. Tardif.) — Rage. (Modus.) — Chien esragié. (Modus. Henri de Mondeville.) — Chien rabiz. (Percef. IV. fol. 146. La Curne Sainte-Palaye.)

Au moyen âge, on distinguait plusieurs sortes de rage. Phébus en compte neuf espèces, dont il énumère les sept principales, basées sans doute sur la prééminence de certains symptômes.

1. *Rage esrageant. Raige enragée* qui correspond à la rage furieuse.

2. *Rage courant*, quand l'animal fuit et trotte sans s'arrêter, insensible à tout ce qui l'entoure.

3. *Rage mut* correspondant à la rage paralytique. Les chiens ne mordent pas, mais ils ne veulent plus manger et restent la gueule ouverte comme

s'ils avaient un os dans le gosier. Au moyen âge on disait d'un chien qui n'aboie pas, c'est un chien *mut*. Cette expression, comme *mue*, viendrait du latin *mutus*, muet.

4. *Rage chéante ou tombante*, encore une des formes de la rage paralytique.

5. *Rage flatrée*. Les flancs battent, le chien tient la tête basse et chancelle.

6. *Rage endormie*. L'animal est toujours couché et fait semblant de dormir.

7. *Rage de teste*. Tête enflée, ainsi que les yeux.

8. *Rage efflanchée ou efflanquée*, celle qui rend les chiens « *cousuz parmi* « *les flancs comme s'ils n'avoient mengié* ». (Phébus.)

Les symptômes de la rage sont assez bien décrits par Paul d'Egine (660-680), Henri de Mondeville, Barthélemy Glanvil, Phébus, etc.

« Les oreilles sont dépendantes, et est le dos tourné ; la coue est appressée entre « ses cuisses ; il alaine poi et il est enroue et mort larrécineusement et en taisant « soi. Et quant il va, il chancele aussi comme l'ivre qui va jouste les murs. Il va « seul, il ne congnoist pas le seignour ne la meison. Ses yeux rougeoient, sa salive « li ist de la bouche ; humidité décourt de ses narilles. Il aboie son umbre, il trait « sa langue, il fuit eaue. (Henri de Mondeville, (1). »

Plus loin, Henri de Mondeville (Nicaisse. Chirurgie de Henri de Mondeville, 1306-1320. Paris. Alcan. 1893, p. 439), dit qu'on reconnaît un chien enragé à ce que si l'on offre à une poule un morceau de mie de pain teint du sang de la morsure qu'il a faite, elle ne le mangera pas, à moins qu'elle ne soit affamée, et, si elle le mange, elle mourra dans deux jours.

Nous ne suivrons pas les auteurs qui ont traité de la rage dans leurs discussions relatives ou plus ou moins de virulence de cette affection dans ses diverses phases.

En général, ils admettaient qu'elle était très contagieuse et que « *de la* « *tête descend en la gueule un venin si très visqueux, qu'il n'est riens, s'il* « *n'en est mors, qu'il ne soit envenimé* ».

Parmi les traitements indiqués nous citerons les suivants, à titre de curiosité.

L'éverration, extraction du prétendu ver « *verin* » situé sous la langue.

Prendre un vieux coq, le plumer autour du *cul* (sic), le courber par les jambes et les ailes et mettre le *trou du cul* sur la plaie et que :

« en aplanie au coq le ventre de alée et venue affin que le cul du coq suche le « venin de la morsure (espèce de ventouse ou succion). Si le chien est esragié, le « coq enflera et mourra et si le coq ne meurt, c'est signe que le chien n'estoit mie « esragié ».

Sous Louis XI, on avait recours à l'intercession des saints, notamment à

---

(1) Un des chirurgiens de Philippe le Bel.

saint Mesmer. Il est probable aussi qu'on invoquait saint Hubert qui de nos jours encore est considéré comme guérissant des personnes mordues par les chiens enragés.

« A Robin Raffen, varlet des chiens du roy pour argent à lui baillé pour mener
« les dis chiens à saint Mesmer pour doubte du mal de rage et pour faire illec
« chanter une messe devant les dis chiens et pour faire offre de cire et d'argent
« devant ledit saint pour le 24 février. » Aujourd'hui saint Mesmer, chapelle située à un kilomètre de Maintenon. Cimber et Danjou. Archives curieuses de la France. Extrait des comptes de Louis XI.)

6° — TUBERCULOSE.

Français. — Fi, fy, fic. Fil, fieus, fyeux, fieux, pommelée, pommellerie.

Comme nous l'avons vu à propos du cheval, ces expressions se rapportent à toutes sortes de tumeurs pédicellées, poireaux, tumeurs mélaniques, cerise, quel que soit leur siège. Par analogie, les anciens devaient également l'appliquer aux grappes tuberculeuses. On en trouve en effet de nombreux exemples dans les auteurs du moyen âge. On lui donnait également le nom de *mal de St-Fiacre.*

« *St-Fiacre le médecin de phy* » (Apol. d'Hérard, p. 589. La Curne Sainte-Palaye) ou de *pommelée;* d'où nous avons fait le mot *pommelière.*

« Et se c'est le beuf ou vache vendue qui ait le *fil* ou la *pommelée,* bosses ou
« autres apostumes... la chair en sera gettée en Saine. » (1487. Ord. xx. 50. Godefroy.)
« Nul ne pourra vendre ne exposer en vente aucun beuf ou vache qui soient
« enteclez de *filz, pommellerie,* enpostume ou autre maladie dangereuse. » (1495. Ord. xix. 560 ; 1497. Ord. xx. 623.)

Au moyen âge, *pomel, pommel, pomelet* servaient à désigner des petites boules en forme de pommes placées au sommet de quelque chose.

Jasoit ce que ledit buef ne fust pas fieux.... par leur rapport et relation fu ledit buef condempné à enfouir. (1396. Arch. J. J. 151, pièce 78.)
Ne pourront les bouchers tuer ny vendre beste fieuse ou sans loy. (Stat. de Noyon. (Godefroy. La Curne Sainte-Palaye.)
Nul boucher ne poura tuer en la boucherie une grasse bête qui ait le *fil ;* et au cas qu'il seroit trouvé sur aucun, il perderoit la bête, et seroit arse devant son huys. (Gl. Hist. de Paris.)
Que nu'z ne vende ossi point de char... ne *aiant fy*... (Monum. hist. Tiers-État. Abbeville des bouchers xiv, p. 218.)
Après que icellui buef eust este abatu... votre prevost fist icellui esgarder par bouchers et les maistres du mestier, lesquels jasoit ce que ledit buef ne fust *fieux.* (Litt. remiss. 1396. Ducange.)

7° — CLAVELÉE.

Voir : Pathologie ovine, n° 7.

8° — PESTE BOVINE.

Nous ne trouvons nulle part description de cette maladie si meurtrière qui a dû cependant causer tant de ravages au moyen âge à la suite des invasions des armées belligérantes. Nous en sommes réduits aux conjectures.

569. — Une cruelle maladie, accompagnée de dysenterie « *profluvio ventris* » et de variole « *variola* » sévit sur les troupeaux de la Gaule et de l'Italie. (Marii épiscop. chron., an 570. Duchesne. Script. rei Francorum, I, p. 215.)

Raynal croit que cette épizootie, signalée par Marius, évêque d'Avranches, est le typhus. Il appuie son hypothèse sur la coïncidence de l'apparition de cette épizootie avec l'année de l'invasion de l'Italie par les Lombards.

810. — « Pendant l'expédition de Saxe, il régna parmi les bœufs une telle « épizootie, *pestilentia boum*, qu'il n'en resta pas un pour une armée si nombreuse « et qu'on les perdit tous jusqu'au dernier. Et ce ne fut pas seulement de ce côté « que la mortalité frappa les animaux de cette espèce, mais elle s'étendit de la « manière la plus cruelle dans toutes les provinces de l'empire. »

Baluze, I, 473, 475. — II, 1199. — Soc. hist. France. Eginhard. Vie de l'empereur Charles Iᵉʳ, p. 291. Dom Bouquet. t. 5, p. 170, 258, 344, 356, 359, 366. — *Pertz*. Eihardi fuldensis annales, I, p. 355, 198.

Il est plus que probable qu'il s'agit ici de la peste bovine qui sévit dans l'armée de Charlemagne pendant son expédition sur les rives de l'Elbe et du Weser, en Saxe.

1223-1233. — Grande épizootie sur les bœufs (*gros sterbot unter dem Vieh*) qui paraît avoir débuté en Orient, et gagné la Hongrie, l'Autriche, l'Italie, l'Allemagne, à la suite de l'invasion des Mongols. (Heusinger, t. 2, p. 155.)

9° — DIPHTÉRIE.

Chancre au palais (Tardif.) — Cancre du bec. (Modus.) — Chancre. (Franchières, l. 2, ch. 20, l. 3, ch. 9. — Pépie. (Franchières, l. 2, ch. 21.) — Pituita. (Crescens, l. 9, ch. 83, 84, 87.)

L'oiseau *bee* (ouvre le bec) et crie ; déglutition difficile ; gonflement du palais ; chancre blanc dans la gorge et sur la langue ; tels sont les symptômes décrits par les pathologistes aviaires. Ils semblent se rapporter à la diphtérie. Mais la plupart d'entre eux confondent sous cette dénomination, le muguet, la diphtérie et la pépie. Cette dernière servait de terme général ; elle était communément employée dans le langage courant.

> Car, cependant qu'il boit d'autant
> Il ne crainct poinct que la *pépie*
> Qui aux pouletz oste la vie
> Le fasse mourir à l'instant.

(Les vaux de Vire de Jean le Houx, p. Armand Gasté, Caen, 1875.)

Comme traitement, prendre un fer, terminé à son extrémité en forme de racloire ou de ratissoire et enlever le chancre. Si le chancre est trop volumineux, fendre avec le racloir le bord de la langue et racler tout ce qui est blanc.

10° — Épizooties indéterminées.

Dans ce paragraphe nous signalerons les principales épizooties qui ont causé tant de ravages pendant la période médiéviale. Elles furent nombreuses à cette époque où les mesures d'hygiène et de prophylaxie étaient si méconnues. Les historiens en ont signalé un très grand nombre, malheureusement avec un tel laconisme, qu'il nous est impossible d'en préciser la nature.

Pour plus de détails, nous renverrons au travail si documenté de M. Fleming.

Fleming. — Chronological history of animal plagues from. B. C. 1490 à A. D. 1800. (Analyse de Dele, Annales méd. vét., Belgique, 1871.)

Sixième siècle.

547. — Saint Filo fuit de Galles, d'abord en Cornouailles, puis dans l'Armorique, à cause d'une peste qui sévissait non seulement sur les hommes, mais encore sur les animaux et les reptiles. (Fleming.)

565. — Grande mortalité sur les animaux. (Muratori. Scriptores rerum italicæ. T. i, p. 426.)

580. — Sous le règne de Childebert, grande peste (*lues*) sur l'espèce humaine et animale. (Dom Bouquet, t. 2, p. 409.)

581. — Épizootie sur les bœufs en Touraine et sur les chevaux dans le Bordelais. (Grégoire de Tours. De Mirac. St-Martin. iii, 18.)

583. — Épizootie sur les bestiaux, tellement désastreuse que c'était chose rare de voir une jument ou une génisse. (Grégoire de Tours. Hist. des Francs. L. vi, ch. 31.)

591. — « Dans la Touraine il y eut une grande sécheresse qui détruisit l'herbe « dans tous les pâturages, en sorte qu'il s'éleva une fâcheuse maladie sur les « brebis et les chevaux, (dans une autre version on lit : sur les petits et grands « bestiaux) et qu'il en resta bien peu pour renouveler la race..... Cette maladie « s'étendit non seulement sur les animaux domestiques, mais aussi sur les animaux « sauvages ; et, dans les forêts, on trouvait morts sur les chemins une multitude « de cerfs et d'autres animaux ».

(Grégoire de Tours. Hist. des Francs. L. x, ch. 30. Dom Bouquet, t. 2, p. 383.)

Septième siècle.

679. — Mortalité du bétail en Irlande qui dura jusqu'en 1707. (Fleming.)

Huitième siècle.

770. — Il régna plusieurs maladies en Irlande ; une forte épizootie, désignée sous le nom de *Moylegarou*. C'est, dit Fleming, la première apparition du terme *maelgarth*, maladie de la peau caractérisée par la rudesse et la chute des poils.

791. — Épizooties « *lues* » sur les chevaux de l'armée de Charlemagne pendant son expédition contre les Huns. Cette épizootie fit tant de ravages qu'il resta à peine la dixième partie des chevaux pour terminer la campagne.

(Pertz. Einhardi annales. M. I, p. 177.)

Neuvième siècle.

820-823-824. — « Cette année, les pluies continuelles et la trop grande humi-
« dité qui ramollit l'air, causèrent de grandes maladies ; en effet, la contagion qui
« enlevait les hommes et les bêtes à cornes étendit si cruellement et si loin ses
« ravages, qu'à peine aurait-on pu trouver dans tout le royaume des Francs un
« seul coin que ce fléau eut laissé intact. »

(Guizot. Coll. mem. rel. hist. France. Annales d'Eginhard, p. 89. — Pertz. Einhardi fuldensis annales, t. I, p. 207, 357 ; t. 2, p. 628.)

832. — « La rigueur de l'hiver devint insupportable, d'abord par l'abondance
« des pluies, ensuite à cause des froids violents, ce qui fut si funeste aux chevaux,
« qu'on ne voyait presque plus personne qui n'allait à pied. »

(Guizot. Coll. mem. rel. hist. France. Vie de saint Louis le Débonnaire, p. 389.)

840-841. — « L'Univers éprouva pendant trois années les fureurs d'une grande
« famine, de la mortalité des hommes et de la peste des animaux. »

(Guizot. Coll. mem. rel. hist. France. Orderic de Vital. Hist. des Normands, t. 2, l. 5, p. 350.)

850. — Épizootie sur les bovidés en France. (Belleforest. Annales de France. — Paulet, t. I, p. 81.)

870. — Maladie contagieuse *(pestilentia)* sur le bétail de France. (Pertz. Annal. fuld., I, 383.)

878. — Épizootie *(pestilentia)* très meurtrière pour les bovidés en Germanie, notamment sur les bords du Rhin. (Dom Bouquet, t. 8. — Pertz, t. 1, p. 392.)

885-887. — Épizootie sur les bœufs et les moutons en France. (Dom Bouquet. Annales fuldensium, t. 8, p. 46. — Pertz, I, p. 404.)

896. — Épizootie sur les chevaux de l'armée d'Arnulph pendant son retour d'Italie sur les Alpes. A cette époque, une maladie à forme contagieuse, déclarée déjà en 894, sévissait en même temps sur les bœufs et les

moutons. (Pertz. Annales fuldens. I, p. 411. — Dom Bouquet. Annales ful
dens, t. 8.)

Dixième siècle.

940-942. — « Il y eut en France, en Bourgogne, en Germanie et en Italie une
« grande famine et une grande mortalité (*pestis*) de bœufs. Elle s'étendit de telle
« sorte qu'il resta dans ce pays très peu d'animaux en santé. »

(Guizot. Coll. mem. rel. hist. France. Chronique de Frodoard, p. 117. —
Bouquet, t. 8, p. 252; t. 9, p. 8, 55, 91. — Pertz. i. 619.)

986. — Godfrey, fils d'Harold, dévasta l'île de Mona (Man, près Liverpool).
Une mortalité se répandit alors parmi tout le bétail de l'île. (Fleming.)

987. — Fièvre chez l'homme et pestilence (*lues*) chez les animaux, en
Angleterre et en Irlande. Fleming croit que cette affection, appelée *scilla* ou
schilla, était la dysenterie.

992-994. — Cette année, il régna en Allemagne, surtout en Saxe, une
épizootie très meurtrière (*ignis sacer*) sur les hommes, les moutons, les
porcs. (Spangenbergii. Chronic., p. 155. — Fabricius. Origines saxon.,
p. 218. — Pertz, t. 5, p. 72.)

Onzième siècle.

1012. — Épizootie désastreuse sur les bœufs. (Pertz, t. 15, p. 616.)

1044. — Épizootie sur les troupeaux. (Pertz, t. 2, p. 243.)

1048. — Épidémie et épizootie en Angleterre « *ignis aerius, dictus sylva-
ticus* ». (Siméon Dunelm, de gest. reg. angl. Script. hist. angl., p. 183. —
Heusinger, t. 2, p. 148.)

1059. — Épizootie en Allemagne (*pestilentia*). (J. Staindelii chronic.
œfele. Script. rr. boic. i, p. 477.)

1086-1087. — Épizootie sur les juments en Angleterre. (Eichbaum, p. 47.
— Heusinger, 2, 149.)

1092-1098. — Nombreuses épizooties (*pestilentia*) sur les troupeaux.
(Sigebert. gemblac. chronogr. Pislor. scr. rr. germ. i, p. 852. — Heusinger,
t. 2, p. 150.)

Douzième siècle.

1124-1125. — Hiver très rigoureux. Il y eut une assez grande mortalité
(*pestilentia*) sur les bestiaux (bœufs, moutons, porcs). (Guizot. Coll. mem.
relat. hist. France. Chronique de Guillaume de Nangis, p. 10.)

1131. — Une mortalité effrayante, qui se continua pendant plusieurs
années, ravagea les espèces bovine, porcine, et les volailles en Angleterre.

A peine y eut-il une ferme qui échappa à ses atteintes. (Annales Margan.) (Fleming.)

1171-1172. — Épizootie dans toute l'Europe. (Eichbaum, 47. — Heusinger, t. 2, p. 154.)

Treizième siècle.

1213. — Épizootie en Espagne. (Cronica del rey don Alonso VIII. Heusinger, t. 2, p. 155.)

1223-1225. — Grande épizootie sur les bœufs qui paraît avoir débuté dans l'Orient, pour gagner la Hongrie, l'Autriche, l'Italie, l'Allemagne. (*Gros sterbot unter dem Viehe*). (Heusinger, t. 2, p. 155.)

1252. — Épizootie d'anthrax en Angleterre, notamment dans le Norfolk et les districts méridionaux. Les chiens et corbeaux qui se nourrirent des cadavres, gonflèrent aussitôt et moururent. A la même époque, dit Fleming, apparut en Angleterre et en France une affection d'un caractère malin sur la langue (*tongue ill*), probablement de nature anthracoïde.

1266. — Épizootie (*pestis*) sur les animaux qui régna pendant deux ans en France. Elle régnait peut-être encore en 1268 car saint Louis ordonna d'enlever tous les porcs de la ville de Béziers ou de Bourges « *parce qu'on disait qu'ils l'avaient tout infectée*. (Soc. hist. France. Le Nain de Tillemont. Vie de saint Louis, t. 4, p. 397. Dom Bouquet, t. 23, p. 340.)

1274. — Une affection mortelle *(lues)* décime les troupeaux de moutons. Elle persista, dit Fleming, vingt-cinq à vingt-huit ans, et détruisit presque tous les troupeaux de moutons d'Angleterre. (Thomas Walsingham. Historia Anglicana.) Stowe, d'après Thomas de Walsingham, dit que cette affection aurait été importée par une brebis espagnole qui « *était toute pourrie rotten* ». On lui donna le nom de *scab* ou *clausick*. Fleming croit que deux maladies différentes furent importées, la gale et la clavelée.

1286. — Mortalité sur les oiseaux en Autriche. (Heusinger, t. 2, p. 91.)

Quatorzième siècle.

1301. — Épizootie sur les chevaux à Rome. (Laurentius. Rusius, ch. 135.)

1316. — Dysenterie chez l'homme et les animaux en Angleterre. (Fleming.)

1321-22-24. — Épizootie sur les bêtes à cornes en Irlande, désignée sous les noms de *moyle dawine* (Annals of Connaught), *maeldamhnaigh, maldow* (Annals of Ross). (Fleming.)

1336. — Épizootie en Irlande sur les animaux de l'espèce ovine. (Fleming.)

1347-50. — Grande peste sur l'espèce humaine. (*Black Death. Schwarze Tod*). En même temps régnait une epizootie sur les bœufs, les moutons et les chèvres. Fleming, dans son travail, rend compte d'une lecture faite à la Société des antiquaires, par Henry Harrod, intitulée « *détails sur une épizootie au* XIVe *siècle* » donnant le résumé des pertes subies pendant 63 ans dans une seigneurie du Norfolk et montre qu'il s'agit là non d'une, mais de plusieurs épizooties.

1349-50. — Heusinger parle d'une épizootie de gale qui aurait sévi sur les troupeaux « scabies et leprae totaliter opprimebant equos, boves, pecudes et « capras ; ita ut pili, de dorsis ipsorum depilabantur et cadebout, et efficiebantur « macri et debiles.... » (A Cutteis in Farlato illyricum sacrum, vol. III, Frari, p. 314.)

1349. — Une grande peste régna sur l'homme ainsi que sur les animaux domestiques et sauvages. Selon la croyance populaire, elle aurait été attribuée aux juifs qui auraient empoisonné les fontaines, les aliments. (Pertz. Chronic. elwacense, t. 10, p. 40.)

1363. — Grande épizootie (*magna morina animalium*) en Angleterre. (Fleming.)

1375. — Épizootie très meurtrière en Allemagne qui fit périr quantité de cerfs, de loups, de chevreuils, d'ours, de sangliers, etc., et anéantit presque tous les animaux sauvages. (Eichbaum, p. 47.)

1385-87. — A « *Placentiœ* » la majeure partie des bovidés, et, en Lombardie la plus grande partie des poules moururent. (Chronic. Placent. Muratori scrip rerr. ital. XVI, p. 546.)

Quinzième siècle.

1412. — Le roi et son armée restent un mois devant Bourges.

« Or est vérité qu'il faisoit lors très grant chaleur et moult estoient ceux de l'ost « malades.... Et par especial y moururent grant planté de chevaulx dont l'ost « estoit fort empulenty (infecté). »

(Soc. hist. France. Chroniques d'Enguerran de Monstrelet, liv. 2, ch. 94, p. 286.)

1430. — Peste en Italie. Grande mortalité d'hommes à Augsbourg, puis violente épizootie sur les chevaux (Gassari). (Mencken. Scr. I, p. 1581. Heusinger.)

1443. — Au temps du roi Alphonse d'Aragon, au moment de la conquête du royaume de Naples, les hostilités furent suivies d'une épizootie sur les chevaux. (Villalba. Épidemiologia espanola. I, p. 98. Heusinger. II. 163.)

1459. — Il mourut audit pays de Brie plusieurs bêtes sauvages en prairies et plusieurs bêtes à cornes. (Buchon. Coll. des chronic. nat. Mémoires de du Clercq, ch. 47.)

1480. — Épizootie en Angleterre.

La commission instituée en Angleterre pour l'étude du typhus croit que les épizooties de 1348-49 et de 1480 sont identiques à la peste bovine. Fleming combat cette assertion, car, dit-il, les symptômes sont si obscurément décrits, s'ils le sont, qu'on peut considérer ces épizooties comme étant de nature absolument indéterminée.

POLICE SANITAIRE.

Les règlements de police sanitaire relatifs aux maladies contagieuses sont, ou du moins paraissent peu nombreux à cette époque. Toutefois, en consultant les archives des provinces, on ferait je crois de curieuses découvertes.

Il est probable que c'est à une mesure sanitaire que se rapporte le paragraphe suivant d'un règlement de 1351 en faveur de la ville de Guiole :

§ 21. — « Que lesdits consuls peuvent et doivent limiter et donner un certain « terrain pour les animaux malades (*animalibus morbosis*) où ces animaux seront « enfermés par ordre des juges.... Et lorsque ces animaux seront guéris *sanata* « *fuerint*), il sera permis de les relacher de cette terre. »

(Lettres par lesquelles le roi crée et establit des consuls en la ville de Guiole. Ordonnance des rois de France, t. 2.)

IV. — Chirurgie.

A. — OPÉRATIONS GÉNÉRALES

I. — ÉMISSIONS SANGUINES

A. — Saignée.

Equus flebotomandus. (Rusius, ch. 42.) — Minuere. (Ducange.) — Fiebocomare. Sagniare. (Sicilien.)

Indications.

D'après les auteurs du moyen âge, il fallait saigner l'animal quatre fois par an, au printemps, en automne, en été, en hiver, si on voulait le préserver de tout mal. C'est une pratique fort ancienne qui s'est conservée de nos jours, chez les habitants des campagnes, sous le nom de « *saignée de précaution* ». Mauro pense que trois saignées sont suffisantes. Il indique les signes cliniques permettant de reconnaître quand cette opération est nécessaire. A ce moment, dit Rusius, le cheval a les yeux rouges, les veines gonflées, et il éprouve des démangeaisons par tout le corps.

La quantité de sang à tirer variait suivant la force, l'âge et la taille de l'animal.

1. — SAIGNÉE A LA JUGULAIRE. (Rusius, ch. 41, 42, 64, 72, 137, 151.)

C'était en général à la jugulaire qu'on pratiquait les saignées de précaution et la plupart des saignées de nécessité, c'est-à-dire par suite de maladies.

Rusius désigne la jugulaire sous le nom de veine organique (*vena organica*) ou veine du cou (*vena colli*).

2. — Saignée a la saphène. (Rusius, ch. 89, 99, 104, 111.)

Pratiquée dans les affections diverses des membres postérieurs, œdème, jarde, eaux-aux-jambes, atteinte, paraplégie.

3. — Saignée a la sous-cutanée thoracique. (Rusius, ch. 91, 92, 148.)

Tigraria, cigratia, cinantia, veine de la ceinture, cingularia de cingulum, ceinture ou sangle.

Dans le cas de congestion intestinale.

4. — Saignée en pince. (Crescens, l. 9, ch. 53. Rusius, ch. 120, 129, 132, 137.)

Cette saignée était fréquemment employée dans certaines affections du pied (crapaud), bleime (oiseau). On amincissait l'extrémité de la sole avec une renette jusqu'à ce que la maîtresse veine « *vena magistra* » soit rompue. On emplissait ensuite la plaie de sel, d'étoupes imbibées de vinaigre et recouvertes d'un linge.

5. — Saignée a la transversale de la face. (Rusius, ch. 145.)

« Veines accoustumées des tempes. »

6. — Saignée a la coronaire. (Rusius, ch. 120.)

Des deux côtés du boulet.

7. — Saignée au palais. (Rusius, ch. 65, 66.)

Dans la palatite, lampas.

8. — Saignée a la sublinguale. (Rusius, ch. 64, 120.)

Inflammation du canal de Sténon.

9. — Saignée a la queue. (Rusius, ch. 89.)

Mal de reins, paraplégie. Météorisme (bœuf).

10. — Saignée a l'angulaire de la face.

Larmier des maréchaux. Veine de l'œil des bergers. Angulaire de l'œil. Se pratiquait dans le cas de maladies d'yeux, de fourbure. Elle était surtout utilisée chez le mouton par les bergers. Ils enlevaient un peu de laine pour rendre plus apparente la veine qu'ils perçaient avec un canif ou petit couteau (*canivet*).

11. — Saignée a la veine auriculaire.

« Aulcuns apprentis et non experts en l'art de saigner seignent à la queue et
« coupent les oreilles. Mais cette œuvre est deffendues car les brebis sans oreilles
« sont diffamées et ceux qui en sont maîtres ne les couppent pas. » (Jehan de
Brie, ch. 45.)

Accidents consécutifs à la saignée.

1° — Thrombus.

Aggravement de la veine. (Ms. fr. n° 2002, f° 90. v.) — Inflatio colli. (Rusius,
ch. 42, 45, 74, 103.)

D'après Rusius, cet accident pouvait survenir quatre jours après la saignée,
soit par suite du frottement de la plaie contre les corps environnants, soit à
la suite de morsures faites par les chevaux voisins. Dans le premier cas,
pour éviter cet accident, il conseille d'attacher le cheval la tête haute et de
le laisser dans cette position trois ou quatre heures, sans lui donner à
manger.

D'autres conseillaient la cautérisation superficielle en évitant de toucher
la veine. Dans le cas de gravité de cette affection, inciser la peau, tirer la
veine dehors, la lier du côté de la tête et la couper.

2° — Hémorragie (Rusius, ch. 42 et 44).

Emploi d'hémostatiques divers. Voir : Thérapeutique.

B. — Barrement de la veine.

Latin. — Laqueatio et serratio venarum. (Albert le Grand, l. 22.) — Rusius,
ch. 45.)

Français. — Serrement de la veine. (De Villiers, ch. 74.) — Barrement de la
veine. (Franchières, l. 4, ch. 16.)

Raser les poils, frictionner la peau avec la main pour rendre la veine plus
apparente ; puis faire une incision longitudinale dans le sens de la veine, la
tirer en dehors avec une petite brochette de bois et la lier avec un fil à
chaque extrémité « *ex utraque parte ejus quod abscidendum est* ».

Laisser ensuite pendre le fil en dehors de la plaie jusqu'à ce que la veine,
comprise entre les deux ligatures, se putréfie, ou bien faire de suite la
section.

On pratiquait cette opération de préférence sur les veines des membres,
la saphène, quelquefois même sur la sous-cutanée thoracique, les veines
lacrymales. Il y avait indication dans le cas d'éparvin, de tuméfaction des
cuisses, farcin, vessigon, crevasses. On recourait aussi à ce mode opéra
toire dans le traitement de certaines maladies des oiseaux.

Laqueatio vient de *laqueo,* entourer d'un lacet.

C. — Mouchetures. — Scarifications.

Fmployées dans l'œdème des membres, le suros, les crevasses, etc., etc.

II. — CAUTÉRISATION

Latin. — Coctura, cocteria, cotura, cuociere. (Rusius, ch. 62, 63, 70, 104, 105, 107, 113, 136, 142.)

Français. — Cuiture, cuyture, cuisture, cuicture.

Lieux d'élection. — Cautérisation sur la tête (pharyngite, gourme) ; sur le front (bronchite, gourme) ; sur les tempes, autour de l'œil (conjonctivite) ; sur le flanc (pousse): sur les reins (paraplégie, effort de reins) ; sur la cuisse ; sur l'épaule ; les membres (mal de tendons, suros, exostose du jarret, vessigons, œdème des membres) ; le palais (palatite) ; le sabot (encastelure).

Chez les oiseaux on avait souvent recours à la cautérisation du milieu de la tête jusqu'à l'os. Après un mettait un chaperon à bourse pour qu'ils ne puissent se gratter. On cautérisait aussi au fourchet, sur la poitrine, les reins, etc., etc.

CAUTÉRISATION EN RAIES. — En croix « *ad modum crucis* », sur le flanc, dans la pousse (Rusius, ch. 142) ; en raies obliques, longues, suivant la direction des poils pour que les raies soient moins apparentes (ch. 105) ; en gril, dans l'atteinte (ch. 110) ; en étoile « *astelettae* » (ch. 54) ; en cercle, sur les tendons meurtris, luxation coxo-fémorale, douze raies de feu convergeant vers un point central (ch. 175) ; en faux (palatite).

CAUTÉRISATION EN POINTES. — Percer le cou de chaque côté avec un fer chaud, cinq pointes espacées de trois doigts (tétanos).

FEU GAULET. — Coucher le cheval, oindre l'épaule d'axonge, puis prendre trois fers larges de trois doigts, les chauffer au rouge et les approcher successivement de l'épaule à une distance de deux doigts, jusqu'à fusion complète de l'axonge. Employé dans les maladies de l'épaule. (Ms. n° 2002, f° 53.)

Dans le mal de garrot, on cautérisait en faisant fondre du lard dans la plaie.

III. — SÉTONS.

Latin. — Setones. (Rusius, ch. 63, 91, 144.) — Zonae. (Albert le Grand.)

Italien. — Lacio, laciola. (Libr. masc., p. 17.) — Setone. (Crescens. Rusius.)

Français. — Sedon, cédon, sedel. (Phébus.) — Latz ou cyons. (Crescens, tr. fr.) — Sions, scions. (De Villers, ch. 42, 43.) — Laz. (Ms. fr. n° 25341.)

« Faittes lui faire aussi comme a ung cheval quant il est afollé devant de l'espaule

« une ortie et ung *sedel* de corde, si garira. » (Gast. Pheb. chasse. Maz 514, f° 34 v. Godefroy.)

Sétons de lin ou de chanvre mis sous la gorge (abcès péripharyngiens, gourme), sur la poitrine, cuisse (farcin), ars, de chaque côté du cou (gourme), etc., etc.

Séton en vieux français, *cedon*, *sedon*, viendrait du vieux mot *cedo*, soie, qui lui-même dériverait de *seta*, soie, crin, poil, qu'on employait anciennement comme sétons.

D'après un dessin de ms. espagnol (Bibl. Nat., n° 214), le séton au poitrail était double. L'aiguille à séton que nous voyons représentée (f° 30) ressemble beaucoup à la nôtre.

Prangé (Recueil 1855, p. 810) a traité de l'origine du séton.

IV. — MÈCHES. — EXUTOIRES

Mèches d'étouppes (*stupinum* ou *tastum*) dans la ponction des glandes, parotidite, abcès péripharyngiens, gourme (Rusius, ch. 62); dans le trou formé par les cautères (tétanos), ch. 73 ; de lin ou crin de cheval.

Mèche en forme de drains (mal de garrot).

V. — ABLATION DES TUMEURS

Extirpation des glandes (angine, parotidite), Rusius, ch. 62, 139, 144. Ligature des porreaux (ch. 140). Ablation des porreaux (ch. 138).

VI. — PONCTIONS

Ponction des abcès péripharyngiens. (Rusius, ch. 62, 63.)

On pratiquait ces ponctions ordinairement avec une lancette. Quelquefois avec des cautères ou un stylet d'argent chaud (abcès péripharyngiens) ou une alène (*subula*).

VII. — MOYENS DE CONTENTION

SUSPENSION DU CHEVAL. — Prendre quatre aunes de drap fort de gros chanvre, y coudre des sangles, le mettre sous le ventre jusqu'à la poitrine et attacher le drap avec des cordes aux solives du plafond de manière à soutenir une partie du corps du cheval. Employé surtout dans le cas de dessolure. (Rusius, ch. 131.) Voir : Ms. espagnol. Bibl. Nat. n° 214, f° 40. v.

ENTRAVES. — Pour mettre aux pieds. On leur donnait des noms différents, *pastora* (Rusius, ch. 92), *heudes*, *sepeaux*. *Cheval enheudé* que d'autres disent *entravés*...

Ce sont des *heudes* qu'on met aux pieds antérieurs des chevaux que d'autres appellent *sepeaux*. (D'Argentré, coutume de Bretagne, 1532, anc. cout. de Bretagne, f° 154 b. — Cout. génér., t. 2, p. 778. La Curne Sainte-Palaye.)

Heuder, *houder*, au moyen âge, signifiait attacher, fixer. **Enheuder** est encore usité dans le Haut-Maine et en Bretagne pour dire mettre des entraves aux animaux. (Godefroy.)

Dans les vignettes du ms. espagnol (Bibl. nat. n° 214, f° 33, 34, 40, 42, 64) on voit différents procédés de contention du cheval debout ou couché sur le dos.

Morailles. — Les morailles sont des sortes de pinces destinées à maîtriser les chevaux difficiles. On leur donnait aussi le nom de *seguelle*.

Plusieurs des gravures du ms. espagnol, n° 214, représentent des personnes occupées à maîtriser un cheval au moyen d'instruments de fer dentelé appliqués sur les naseaux. Ces instruments ressemblent aux morailles dont se servent encore les maréchaux (f° 30, 34, 35, etc.).

Au moyen âge on leur donnait le nom de moraille ainsi que le prouve l'exemple suivant :

Le cheval... tenaillé ou pincé par les babines avec la moraille. (Godefroy.)

Collier. — Composé de bâtons longitudinaux pour mettre au cou et empêcher l'animal de toucher avec les dents les plaies produites par cautérisation.

Travail
{ *Français.* — Travail, travart. (La Curne Sainte-Palaye.)
{ *Provençal.* — Congrens. (Raynouard.)

Au moyen âge, travail signifiait poutre, d'où probablement par extension, appareil composé d'un assemblage de poutres.

On en trouve la reproduction dans un ms. espagnol, n° 214, et sur un vitrail du xiii° siècle de la cathédrale de Chartres.

Il est formé comme notre ancien travail de quatre poteaux de bois reliés par des barres transversales.

VIII. — INSTRUMENTS DE CHIRURGIE

On trouve dans les vignettes coloriées qui ornent chaque chapitre du manuscrit vétérinaire espagnol, conservé à la Bibliothèque Nationale sous le n° 214, la représentation des divers instruments en usage à cette époque. Malheureusement nous ne pouvons nous permettre un tel luxe, ni songer à la reproduction de ces dessins uniques dans les annales vétérinaires. Ils sont d'autant plus curieux qu'ils nous font assister aux diverses opérations pratiquées et nous montrent les instruments et les moyens de contention employés par le médicastre et ses aides en grand costume d'apparat.

Lancette (lanceta, lanceola). — Le mot flebotomia n'entre dans la pratique courante que vers la fin du moyen âge. On disait aussi hacette. Un mercier en faisant son inventaire s'écrie : « j'ai les hacetes à saigner ».

Dans le manuscrit espagnol, n° 214, plusieurs vignettes représentent un maréchal armé d'une lancette, sans manche, qui ressemble beaucoup à notre flamme. Mais elle est beaucoup plus longue. Si la proportion est exacte, elle aurait la longueur du bras de l'opérateur qui, pour saigner, appliquait la partie pointue sur la veine, et, frappait avec un lourd gourdin, allongé, en forme de massue, f° 27. v ; 34 v.

Page 41 on voit une lancette courbe, emmanchée par le milieu dans un bâton, destinée à la saignée des veines situées en dedans des membres.

Saignée à la jugulaire, f° 37 ; à la saphène, f° 41.

Bistouris (ferrum, cultellus). — Bistouris divers en forme de couteaux de cuisine, avec manche en fer rond, terminé par une sphère ou un carré de même métal. (Ms. espagnol, n° 214, f° 32. v. 40.)

Bistouris de forme triangulaire ou losangique, f° 26. v. 32. v.

Cautères. — Cautère en faux (palatite) « *falx curva ad modum litteræ C* » (Rusius, ch 66); plat ; à fer arrondi, de la grosseur d'un pois pour enfoncer dans l'oreille (catarrhe auriculaire des oiseaux de chasse); en pointe, *ferrum cuspidum* (Rusius, ch. 62, 70) ; à pointe ronde, *rotundum in capite* (ch. 70, 113); en forme d'étoile, *stellaza, stellecta, stellata* (Rusius, ch. 181, 183); ces derniers cautères sont décrits dans la chirurgie d'Albucasis et la médecine humaine de Vigo da Rupello qui les désigne sous le nom d'*astelati, asteleti, astoleti* ; en forme de roulette d'éperon, *girella di sperone ;* stylet d'argent pour ponction d'abcès péripharyngiens.

Représentation de cautères. (Ms. espagnol n° 214, p. 29, 35.)

Rénette.

Latin. — Rosneta ferrea. — Resneta. Roisnecta. (Rusius, ch. 116, 120, 31.)

Sicilien. — Rosenecta. Rosnecta.

Espagnol. — Royneta.

Français. — Roisne. (La Curne Sainte-Palaye.) — Rouynete. (De Villiers, 138.) Roesne. (Crescens, tr. fr., l. 9, ch. 52, 53, 54, 55.) — Roinette. (Ms. fr. n° 25341, ch. 48.) Roine. (Ms. fr. n° 25341, ch. 50.)

Provençal. — Rougneta, rouigneta. (Honorat.)

Il est fait pour la première fois mention de cet instrument dans Ruffus qui, selon le professeur Bassi, de Turin, (*Il moderno zoiatro. Revue vété-*

naire, 1899, p. 136) aurait probablement pris cette expression dans les locutions des praticiens de son temps. D'après ce professeur, *curasnella* qui sert à désigner en Italie la rénette, apparaît seulement dans Piétro di Crescenzi sous la forme de *curasnecta.* Par abréviation, sans doute, ajoute-t-il, les auteurs, qui ont écrit depuis, lui auraient donné le nom de *rosnella, rasnella.*

La rénette tire peut-être son origine du mot latin « *roisnatus* », rogné (Ducange) ou du vieux français « *renelti* », nettoyé.

Les os sont bien *renettis* que les chiens ne font point la presse. (La Curne Sainte-Palaye.)

Schéler propose comme étymologie *raisner, raisener* faire une rainure, expressions qui proviendraient du vieux français *raise,* rigole. Mais on pourrait aussi faire dériver notre expression *roisne,* qui a précédé celle de rénette, de *roie, raie, raye,* synonyme de sillon. Littré fait dériver rénette de *rainier,* faire une rainure.

En tous cas, la rénette, ou du moins les instruments divers portant ce nom, n'était pas exclusivement l'apanage de ceux qui s'occupaient de l'art de guérir les animaux. Au moyen âge on désignait encore sous ce nom un instrument dont les charpentiers se servaient pour marquer le bois et donner la raie aux scies (Oudin). Les bourreliers, selliers, se servaient d'un instrument analogue pour faire des raies sur le cuir.

Dans le manuscrit espagnol n° 214, la rénette a la forme d'un long crochet à partie élargie, mais fortement ouverte à son extrémité coupante.

Ciseaux. — Dans un des dessins du manuscrit espagnol, n° 214, on voit l'opérateur armé d'une énorme paire de ciseaux du nom de *forces* et *forfex* qui ressemblent à s'y méprendre aux forces à tondre les moutons.

Boutoir. — « Couper l'ongle avec un boutouir ». (Ms. fr. n° 2002, f° 78.) C'est probablement un boutoir qu'on trouve figuré f° 35 v. et 45 du ms. espagnol n° 214. Dans ce manuscrit, cet instrument est désigné sous le nom de *bota* ou *lambroex.*

Brochoir. — Brochoir a mareschal. Mentionné dans de Villiers, ch. 117, à propos du suros.

Triquoise. — Tricois, tricoise, tricoisse, turquoise, turquoyse, terquoise.

« Avecques les triquoise vous prandrez le bouton de farcin et estraingnes bien
« fort et ouvrir avec lancette ». De Villiers, ch. 44.)
« Lui prindrent xvi fers de cheval, ses terquoises, son martelot, et bouteur
« (4 nov. 1444 inform. par Hug. Belverne, f° 11. Ch. des comptes de Dijon
« B. 11881. Arch. Côte-d'Or ». (Godefroy).

Tenaculum. — Pince employée dans l'opération du ptérygion. (Rusius, ch. 56.)

Acus eburnea. — Aiguille d'ivoire, même emploi.

Fer crochu. — Espèce d'érygne. Fer en forme de racloir ou de ratissoire pour enlever les fausses membranes (pépie).

B. — OPÉRATIONS SPÉCIALES

1° — Appareil digestif.

Ablation des barbillons (inflammation du canal de sténon); introduction d'un tuyau dans l'anus pour donner passage aux vents (tympanite); indigestion intestinale ; réduction des hernies et du prolapsus du rectum ; extirpation des ganglions (abcès péripharyngiens, gourme) ; éverration ou extraction du prétendu ver « *verrin* » situé sous la langue (rage).

Arrachement des dents. — On arrachait fréquemment au moyen âge les dents dites *scaglioni, escalognes,* parce qu'elles empêchaient de mettre dans la bouche les mors de formes étranges dont on se servait alors. On les extirpait aussi quand, trop longues, elles empêchaient l'animal de bien mastiquer l'avoine et l'orge. (Hippocrate indien, p. 45. Crescens, l. 9, ch. 6.)

Rusius, ch. 40, dit qu'il est difficile, sinon impossible, d'avoir un bon cheval, ayant bonne bouche, si on ne lui arrache les dents dites *scalliones et plani.*

D'après les auteurs que nous venons de citer, on extrayait ainsi quatre dents, vers l'âge de 3 ans 1/2, deux sur chaque branche du maxillaire inférieur « *maxilla inferior* ».

L'évulsion se pratiquait au moyen d'instruments appropriés « *cum ferris ad hoc aptis* ».

Autrefois on sciait la dent à la base avec une petite scie, puis on la râpait. (Ms. fr. n° 2002, n° 97.)

Ces dents portaient différents noms suivant leur implantation dans le maxillaire ; deux étaient connues sous le nom de *scalliones* et les deux autres sous celui de *plani*.

1° *Latin.* — Scalliones, scalones.

Italien. — Scaglione, scane.

Français. — Dents escalonières, escalognes, escalongne, eschaillongne, eschaloigne, escallon.

Castillan. — Esgnatilz.

Toutes ces expressions tirent leur origine de la forme de ces dents offrant une certaine ressemblance avec celle des échalottes, dites *escalongne*.

Les *escalognes* seraient donc les crochets. Ces dents ont conservé dans l'italien moderne le nom de *scaglione*. En France, on les appelait encore *chatepelose*. (La Curne Sainte-Palaye.)

2° Plani, piane, planamente.

Ces expressions, synonymes de plan, plat, désignent probablement la première molaire ou les coins, mais, en l'absence de renseignements plus précis, nous n'osons l'affirmer.

2° — APPAREIL RESPIRATOIRE.

Section de l'aile du nez (emphysème), tubage du larynx chez les oiseaux (suffocation par pénétration de corps étrangers dans la trachée).

3° — APPAREIL DE LA LOCOMOTION.

Amincissement de la corne (bleime, dessolure, seime, atteinte, figue, cerise) ; dessolure (enclouure) ; opération du mal de garrot ; remise en place des luxations, fractures.

4° — APPAREIL DE LA VISION.

Opération du ptérygion.

5° — APPAREIL DE LA GÉNÉRATION. — CASTRATION.

Français. — Chastre, chastrez, chiastrez, chastrure, chastreure, chatreure. (Godefroy. La Curne Sainte-Palaye.) — Escuillier. (Chron. des ducs de Normandie, t. 3. p. 598, vers 1703.)

Seccer « *ils chastrent et seccent leur bétail* ». (Bouch. Ser. III, p. 19.)
Tailler « *chastrer qu'on dit plus honnestement tailler* ». (Apoll. d'herod., p. 197.)

CASTRATION DU CHEVAL. — Rusius (ch. 98) dit que cette opération n'est pas sans danger si on ne procède pas avec précaution, et, si on ne recourt pas à un maréchal intelligent « *diligens marescallus* ».

Il conseille de la pratiquer au déclin de la lune, au printemps ou en automne, mais de préférence en avril et mai.

Quant au manuel opératoire, il réprouve la torsion « *torquere* », bonne tout au plus pour les poulains ou les bœufs. Il recommande le procédé employé par les Syriens « *Syri ultramarini* » et en général par tous les Orientaux. C'est le procédé par écrasement.

On entravait les pieds du cheval et on le plaçait en décubitus dorsal

« *supinus* ». Prenant ensuite une planchette de bois assez épaisse, arrondie aux extrémités, d'une largeur suffisante, percée d'un trou à chaque bout, on l'appliquait d'un côté sur le cordon testiculaire. De l'autre côté, on mettait un bâton rond, également percé d'un trou à chaque extrémité, destiné à donner passage à une corde de chanvre ou de soie assez forte pour pouvoir lier fortement chaque bout du bâton à chaque extrémité de la planchette. Pour augmenter la pression on serrait avec une presse ou une vis. Cela fait, on frappait fortement avec un bâton sur le testicule faisant saillie jusqu'à ce que sa substance fût réduite en bouillie.

Dans le ms. n° 2002, f° 97 v. on trouve la description d'un autre procédé, procédé par le feu.

« Lier les couillons avec un drap et avec un rasouer bien tranchant couper le « poil petit à petit et puis inciser le cuir.... Prenez ensuite une verge de fer.... « quelle soit bien chaude et brulez le bout du nerf qui soutient les couillons. »

Ercolani (Recherches historiques sur l'ancienneté des méthodes opératoires pour châtrer les chevaux. Recueil, 1856, p. 748 ; 1857, p. 128, 129) s'est longuement occupé des méthodes de castration usitées dans l'antiquité et au moyen âge. Il dit qu'à cette époque la castration du cheval était peu utilisée en Italie.

CASTRATION DU VEAU. — On couche le veau à terre, on incise la peau du scrotum et on met les testicules à nu. On applique ensuite un casseau sur chaque cordon, puis on coupe le testicule. En cas d'hémorragie, cautériser. (Albert le Grand, l. 28, ch. 2.)

Crescens (l. 9, ch. 64) préconise le mode opératoire de Palladius, par cautérisation. Il dit qu'il ne convient pas de châtrer les veaux après deux ans, car ceux qu'on châtre passé cet âge deviennent trop durs à manger « *duri et inutiles fiunt* ».

Glanvil (l. 18, ch. 11) dit que l'animal croît plus en cornes et en corps quand il est châtré, mais il est moins hardi et plus patient.

CASTRATION DU MOUTON. — Les moutons châtrés étaient désignés sous les noms de : *Chastri, chatri, chatry, chastris, chastriz, chastrix*. (Godefroy, La Curne Sainte-Palaye.)

On les nommait aussi *chastron*, en latin *castrones*.

« Habere, vel tenere oves, moltones, *castrones,* vel agnellas. » (Jus. Vicentin, l. 2.)
» L'huissier pris et fait panre bleiz, bues, pors et *chastrons* et plusieurs aultres « bestes. » (Charte de Frédéric de Lorraine de 1285, cartulaire de Remiremont.)
« Achetoient piaus de bestes, comme de moutons, de brebis et de *chatrix.* » (Ordon. sur les métiers, 28.)

Voici comment s'exprime Jehan de Brie au sujet de la castration (ch. 46).

Quand ils (moutons) sont nés en janvier, les *amender* (châtrer) deux jours environ avant la fête de la nativité de Notre-Dame de Mars.

« Couppe plein doy de la boursette aux génitoires et doit lors le berger estre
« sans péché et est bon soy confesser et ne doit ce jour manger aux pour avoir
« meilleure aleine. »

CASTRATION DU PORC. — Albert le Grand, l. 8, ch. 3. Crescens, l. 9, ch. 78. Même mode opératoire que dans Aristote.

CASTRATION DU CHAMEAU. — Les chameaux destinés à la guerre, dit Glanvil, l. 18, ch. 17, sont châtrés, car ils sont plus forts et courent mieux.

CASTRATION DU CHIEN. — Il est parlé plusieurs fois de la castration du chien et de la chienne au moyen âge. On peut le voir par les exemple suivants :

« Pour chatrer plusieurs chiennes de Monseigneur Philippe et autres de l'ostel
« du roy. » (Soc. hist. France. Comptes de l'argenterie du xive siècle. Journal
de la dépense du roi Jean en Angleterre.)
« Pour la poine d'un chastreur pour avoir chastré 4 lices... 8 sols. » (Cimber
et Danjou. Extrait du compte de Louis XI.)

CASTRATION DU CHAT. — On castrait aussi les chats, car on lit dans le dictionnaire de La Curne Sainte-Palaye :

Seignerres qui châtre. *Seignerres* de chat. (Fabl. de St-Germ., f° 70.)

CASTRATION DES OISEAUX. — « Ce est li oisiaus (coc) au monde seulement a
« cui l'en oste les coillons et en fait l'en chapons, liquel sont molt sain et bon en
« este. »

Brunetto Latini (Li livres dou tresor, liv. 1, part. V, chap. 176, p. 223).

C. — DIVERS

FISTULE.

Latin. — Fistula, fistolle. (Ruffus, ch. 48. Rusius, ch. 172.)

Français. — Fistolle. (Ms. fr. n° 25341, ch. 46. Ms. n° 2002, f° 69, 70, 94. Villiers, 133.) — Fistelle. (Ms. lat. n° 1553, ch. 47.)

Caustiques divers, chaux vive, orpiment, réalgar. Rusius recommande l'emploi d'une tige de cyclame « *stupigium* ou *stuellus de cyclamine* », l'oindre de savon noir « *sapo judaïcus* » et l'introduire dans la fistule pour l'élargir. De cette façon on atteint le fond, car, dit-il, aucune fistule ne peut être guérie si on n'en voit le fond. Quand la sanie commence à sortir claire, épaisse, c'est signe de mortification et de guérison.

V. — Thérapeutique.

La matière médicale au moyen âge ne s'écartait pas beaucoup de celle de l'école de Salerne. Elle était en grande partie basée sur la thérapeutique des Grecs, modifiée par les Arabes. D'après Nicaisse, elle comprenait environ 750 substances médicamenteuses, employées seules ou le plus souvent associées à d'autres. La plupart, notamment en ce qui concerne la thérapeutique humaine, provenaient de l'Orient. Mais on faisait aussi grand cas des plantes indigènes qui, en médecine vétérinaire, constituaient pour ainsi dire la base de tout traitement.

Enumérer toutes ces substances simples ou composées nous conduirait beaucoup trop loin.

Nous renverrons pour de plus amples détails au travail de M. Nicaisse, qui, dans son édition de la grande chirurgie de Guy de Chauliac, « a établi « la concordance de ces substances avec notre nomenclature, en donnant le « nom latin du moyen âge, le nom français et le nom scientifique actuel ».

Disons toutefois que la matière médicale vétérinaire était beaucoup moins riche et beaucoup moins compliquée.

Parmi les médicaments d'origine animale nous citerons : les graisses « *sepum* » d'animaux divers, le beurre, le fromage, le lait de divers animaux, la bile, la corne, le lard « *sagmen lardi, lardones, cutis lardi* », les blancs et jaunes d'œufs, les excréments « *stercora* », en Sicilien « *fumaiu, fumagiu* » d'homme et d'animaux, le miel, la cire, la moelle osseuse, la poudre d'os de sèche, les toiles d'araignées « *telae arenearum* », les poils d'animaux comme hémostatiques, le sang en frictions, les cantharides, « *cantalene* » en sicilien, le castoreum, les punaises, les sangsues, l'urine d'homme ou de garçon vierge, les vers de terre, etc., etc.

Les médicaments d'origine minérale les plus fréquemment employés étaient les suivants : l'arsenic, le trisulfure d'arsenic « *auripigmentum* » le vitriol « *atramentum sutorum* », dont se servaient les cordonniers pour teindre le cuir ; les sulfates d'alumine et de potasse, la poudre d'airain « *æris usti* », le vert de gris « *viridis æris* », les cendres et lessives diverses « *lissivia, lissia* », la craie, la suie, la céruse, le mercure « *argentum vivum* », la limaille de fer « *ferrugo ferrarum* », le bisulfure d'arsenic « *realgar, resalgar* », etc., etc.

Quant aux végétaux ils étaient nombreux et entraient presque tous dans la pharmacopée médiévale. On compte plus de 260 plantes mentionnées dans Rusius. Nous citerons parmi les gommes, l'opopanax, la gomme adragant « *dragantium* », le galbanum, la gomme arabique, etc., etc.

M. Luigi Barbieri, dans un index mis à la suite de : « *la mascalcià di Lorenzo Rusio*, de Delprato, donne de précieuses indications sur la concordance des médicaments mentionnés dans le traité vétérinaire de Rusius.

1° — ACTION DES MÉDICAMENTS.

Anesthésiques. — Les formules suivantes employées pour les chevaux méchants « *furiosus* » ne sont pas à proprement parler des anesthésiques, mais des potions calmantes. Voici en quoi elles consistaient : ingestion de jusquiame et d'avoine ; ingestion de mandragore, de pavot, de graines de jusquiame, de muscade et d'aloès ; breuvages composés de myrrhe, de jusquiame, de noix de galle et de girofle.

Diurétiques. — Décoctions de pariétaire, de racines d'asperges, de houx, de séneçon ; application sur le dos de linges trempés dans l'eau bouillante ; introduction de poivre ou de punaises brulées dans le canal de la verge ; décoction de sabine, etc., etc.

Caustiques. — Bisulfure d'arsenic en poudre (résalgar), cantharides, excréments de pigeon et vinaigre, chaux vive, tartre, trisulfure d'arsenic (orpiment) et vert de gris.

Épilatoires. — Chaux vive, trisulfure d'arsenic et eau bouillante.

Hémostatiques. — Encens, aloès hépatique, albumine, le tout battu ensemble et mélangé de poils de lièvre. — Éponge marine ou asphodèle. — Crottins de cheval, additionnés de terre grasse, de craie et de vinaigre, et conservés dans la plaie pendant trois jours. — Poudre de canelle et clous de girofle. — Soie brûlée et colophane. — Emplâtre d'ortie. — Vesce de loup et excréments de porc.

Purgatifs. — Pour conserver la santé, Rusius (ch. 25) conseille de purger le cheval au moins une fois par an.

Ingestion de trèfle vert qu'il désigne sous le nom de trèfle d'Apulie « *sunt in Apulia quedam herbas quœ terfolium appellantur* ». Mais il ajoute qu'il y a aussi en France, en Allemagne et en Angleterre, d'autres herbes vertes qui purgent admirablement.

Il mentionne en outre les purgatifs suivants :

Ingestion de pommes et melons coupés en morceaux, de raisins, de figues, à l'exclusion d'autres aliments pendant quinze jours. Décoctions de viscères de poissons « *interiora piscis* » cuits dans du vin blanc, entonnées avec une corne dans la bouche.

Pour purger le chien, Tardif recommande le lait de chienne, le sel, les écrevisses broyées, la poudre de staphysaigre, etc., etc.

Pour les oiseaux, il conseille les pilules de gros lard, les pilules « *dites communes en grosseur d'une fève d'aloès cicotin enveloppé en bonne chair pour céler l'amertume de l'aloès;* pilules de lard de porc macéré un jour et une nuit dans l'eau; pilules de sucre, de safran, de poudre d'aloès, de moelle de bœuf, etc., etc.

Sternutatoires. — Savon noir dont on enduit un linge noué au bout d'un bâton et qu'on introduit dans le nez aussi loin que possible. Utilisé dans la morve pour provoquer l'éternuement et activer l'écoulement du jetage. (Rusius, ch. 71.)

Poudre d'ellébore et de poivre. (Rusius, ch. 71.)

Vermifuges. — Breuvage dans lequel on a fait infuser des viscères de poule encore chauds. Barbotage d'aurone, de son et d'avoine. Breuvage d'eau salée. Seigle légèrement cuit, séché au soleil, etc., etc.

2° Modes d'administration des médicaments simples et composés.

Cataplasmes « *cataplasma* », en sicilien « *pultra* ».

Pour amollir la corne, Rusius conseille l'emploi de cataplasmes de mauve, pariétaire, soufre, graisse de mouton, le tout bouilli en remuant, appliqués chaud et renouvelés plusieurs fois par jour. Sachet d'orge chaud sur le pied en cas de fourbure.

Emplâtre maturatif ou mollificatif (*emplastrum*, en sicilien *stricturu*) composé de mauve, graine de lin, rue, lierre terrestre, huile de laurier, gomme. Décoction de farine de froment, de miel, d'eau de mauve en cataplasme pour hâter la maturation des abcès. On donnait aussi à certains emplâtres maturatifs les noms de *entrel*, *entret*, *entrait* (La Curne Sainte-Palaye) ou de *malagmum* (Ducange).

Cataplasmes d'excréments humains sur les suros. Coq coupé en deux tout vivant et mis encore chaud avec ses entrailles sur les atteintes.

Collyres. — Insufflations dans l'œil de poudre d'os de sèche et de sucre, de poudre de silex qui recouvre les chaussées romaines « *ex quo itinera romanorum sunt facta* », de poudres de sel gemme et d'excréments de lézard, de poudre de sèche et d'aloès.

Onctions de graisse de poule, d'axonge, de décoction de lierre terrestre et d'urine de jeune garçon vierge.

Application de suc de chélidoine et de rue, de vert-de-gris et de vin. (Rusius, ch. 56.)

Cautères. — Inciser la peau et introduire en dessous un anneau de clématite « *annulum de vite alba* ». (Rusius, ch. 153.)

Emplâtres. — Esclistoire. (Ms. fr. n° 25341.) — Stellecta. (Rusius.) — Stellati. (Crescens, l. 9, ch. 26.)—Astelati. Asteleti. Astoliti. Stellata. Ce sont peut-être des emplâtres vésicants. On les appliquait au-dessous de l'œil.

« Si vous voulez faire une estoille au front de cheval noir qui soit blanche,
« prenes une herbe qui s'appelle pourpie et mectes au front entre cuir et chare
« (De Villiers, ch. 110.) »

Frictions. Onctions. — Frictions sous le ventre avec un bâton, tenu à chaque bout par une personne et promené vivement d'arrière en avant.

Fumigations. — Fumigations par les narines de fumée de pièce de lin brûlée ou de soufre (coryza). Fumigations de vapeur de blé cuit mis au plus chaud possible dans un sac lié à la tête du cheval. Mettre sous le ventre des pierres de grès ou tuiles bien chaudes, recouvrir l'animal d'un drap, puis verser petit à petit de l'eau sur les pierres (courbatures).

Hydrothérapie. — Bains dans l'eau courante (nerf-ferure, hernie) ; affusions d'eau salée, d'eau de mer, d'eau chaude.

Lavements (clystera). — Lavements de décoctions de mauve, violette, pariétaire, d'heracleum sphondylium « *branca ursina* », de graines de fenouil, mercuriale, sel, miel, huile, farine de seigle.

Mettre le cheval le train postérieur plus élevé que l'antérieur de façon que le lavement ne puisse sortir trop tôt. Pour obvier à cet inconvénient, aussitôt le lavement donné, on bouchait l'anus avec des étoupes.

Le clystère se composait d'une vessie de porc ou de bélier à laquelle on adaptait une canule en bois. On la vidait en pressant sur la vessie avec les deux mains.

Liniements. — Cire blanche, vinaigre et sel (œdème des membres).

Mastigadours. — Sachet d'huile de laurier attaché au mors.

Onguents (unguentum). — Prendre suie, vert-de-gris, trisulfure d'arsenic, ajouter autant de miel, faire cuire jusqu'à consistance sirupeuse, et ajouter de la chaux vive (crevasses).

Couperose, terre de Sinope, poix résine, résine apostolicon, soufre, huile d'olive, sang de porc, mercure, encens et miel (crevasses).

Onguent cicatrisant, composé d'absinthe, de sureau, de pimprenelle, de calamenthe, d'oliban, d'axonge et de cire. (Rusius, ch. 177.)

Onguent pentamiron, c'est-à-dire composé de cinq substances: vieil axonge

3 parties; jaune d'œuf, 2 parties; miel, 2 parties ou cire blanche, 1 partie; résine, 1 partie; huile de laurier, 5 parties. (Rusius, ch. 108.)

Onguent roux, probablement composé de minium. (Rusius.)

Onguent de serpent, fait avec un serpent moins la tête, la queue et les viscères. Faire bouillir avec de l'huile d'olive jusqu'à ce que la chair du serpent soit liquéfiée et continuer l'ébullition jusqu'à consistance d'onguent. (Rusius, ch. 132.)

Onguent égyptiac, mentionné à propos des plaies sous le nom d'onguent égyptial. A. Paré en fait aussi mention. Il est ainsi nommé probablement parce que sa connaissance nous venait des Égyptiens ou *Égiptiaque*.

Sachets. — Décoction de chardon béni, de séneçon, de pariétaire, de racine d'asperge et de houx. Mettre le tout dans un sac et l'appliquer sur le dos (rétention d'urine).

Sachet de miel, d'ail, de vin (mal de reins). Crapaud pendu au cou (farcin).

« Prenez ung crapaut tout vif et soit lie estroitement en drap de toille crue et « soit dedans enveloppe en double 9 foiz puis le pandez au col du cheval. » De Villiers, ch. 45.)

Savons médicinaux. — Savon commun « *sapo communis* », savon blanc « *sapo albus* », savon noir « *sapo niger* », savon juif « *sapo judaicus* », savon des sarrazins « *sapo sarracinus* ».

Suppositoires. — Morceaux de lard, taillés en forme de suppositoire « *suppositorium* », introduits dans l'anus dans le renversement du rectum. (Rusius, ch. 96.)

Theriaque, triacle, panacée, bonne contre toutes les maladies.

3° THÉRAPEUTIQUE SUPERSTITIEUSE, CHARLATANISME, PRÉJUGÉS POPULAIRES.

Dans le chapitre relatif à la médecine vétérinaire religieuse, nous avons déjà parlé des guérisons d'animaux soi-disant obtenues par l'intercession des saints. Nous n'y reviendrons plus que pour signaler succinctement les moyens mis en pratique pour obtenir ces guérisons miraculeuses basées sur la crédulité publique.

Les aspersions d'eau bénite, d'huiles des lampes des églises, l'ingestion d'eau de puits consacrés ou décoctions d'objets ayant appartenu aux saints, les signes de croix, les prières, jouèrent un grand rôle au moyen âge dans la guérison des maladies et comme préservatifs des épizooties.

Dans d'autres cas, on imprimait sur le front des animaux la clef de l'oratoire du monastère consacré (Saint-Martin) ou bien on faisait boire l'eau de lavements de pieds « *lotura* » ayant servi à une personne sanctifiée. (Saint François.)

La plupart de ceux qui recouraient à l'intercession des saints faisaient des vœux qu'ils s'empressaient d'accomplir aussitôt la guérison obtenue « *vota oblationis* ». Ces vœux consistaient en promesses de cierges ou en reproductions en cire d'objets divers, notamment de têtes d'animaux voués (ex-voto).

Mais le plus souvent les saints, ou plutôt le personnel chargé de les représenter sur terre, se montraient plus exigeants. Pour prix de leur intercession ils réclamaient des redevances plus rémunératrices. Les vendeurs du temple vendaient leurs prières et cette coutume est loin d'être abolie de nos jours, notamment dans certaines parties de la Bretagne, où les fabriques sollicitent des dons en nature pour la bénédiction des animaux qu'on prétend préserver des maladies contagieuses.

En général, ces redevances consistaient en dîmes, abandon au monastère du tiers, du quart du troupeau. En retour, ils délivraient des licols, des clochettes qui devaient être des préservatifs souverains pour les animaux au cou desquels on les suspendait. Nous avons vu que saint Éloi réprouvait déjà cette pratique superstitieuse qui néanmoins s'est d'autant mieux conservée qu'elle était une source de richesse pour ceux qui l'employaient.

Que nul, dit-il, n'attache des billets au cou d'un animal. On donnait à ces sortes de préservatifs le nom de *cacliques* ou *caclittres*, colliers faits de bouts de plumes et de petites fèves empilées.

En dehors du charlatanisme ouvertement exercé par le clergé, il y avait les devins, les sorciers, les enchanteurs, qui, notamment en médecine humaine, avaient recours aux phylactères, espèces de talismans diaboliques qu'on ne devait jamais quitter.

Amulettes, ces « *sticados citrinum* » qu'on suspendait au cou des chiens. (Albert le Grand.)

Amulettes, ces versets du coran enfermés dans une gaîne de toile ou de cuir que les Arabes suspendent, encore de nos jours, au cou du meneur des troupeaux de moutons pour les préserver des maladies.

L'astrologie tenait aussi une place importante dans la thérapeutique. Elle était même enseignée à la faculté de Montpellier. On tenait compte de l'influence des astres, des jours heureux ou malheureux, dits *egyptiacs*, pour pratiquer certaines opérations, prendre certains remèdes, notamment les purgatifs. Fray Bernardo Portuguès, dans son traité vétérinaire, paraît y attacher une grande importance.

Quant à l'alchimie, si florissante à cette époque, elle a rendu de réels services. D'après Nicaisse, Gerber aurait au VIIIᵉ siècle mis en lumière la pierre infernale, l'eau régale, le sublimé corrosif, etc., etc. Plus tard, Rhazès (ixe siècle) découvrait l'eau-de-vie comme base de préparations médicinales, l'orpiment, le réalgar, le borax. Au xiiie siècle, Albert le Grand préparait la potasse caustique et la chaux, etc., etc.

VI. — Anatomie.

L'histoire de l'anatomie humaine au moyen âge est peu compliquée. Cette étude était défendue par le clergé ; l'anathème, dit Pouchet, éloignait le scalpel de tout cadavre humain. On se bornait à étudier dans Galien dont la renommée comme anatomiste était basée sur de nombreuses dissections d'animaux, notamment de singes. On utilisait aussi les Arabes ; en 1304, Henri de Mondeville enseignait l'anatomie à Montpellier, d'après Avicenne.

Mais les cadavres étaient rares. Les anatomistes en étaient réduits à disséquer des animaux.

On étudiait ainsi l'anatomie du corps de l'homme, de celui de l'âne, du pourceau et plusieurs autres animaux. (Guy de Chauliac, Ed. Nicaisse.)

Frédéric II qui, par un édit de 1230, exigeait des médecins une année d'études anatomiques, donne de nombreux détails sur l'anatomie des oiseaux, dans son traité de fauconnerie. D'après Pouchet, il aurait signalé le premier chez les oiseaux la mobilité de la mandibule supérieure sur le crâne.

Albert le Grand dans son traité des animaux consacre quelques pages à 'étude de l'anatomie comparée.

Un médecin de l'École de Salerne, Copho ou Cofone le jeune, a composé vers la fin du xiiie siècle un traité d'anatomie du porc. Sprengel prétend qu'il aurait soupçonné l'existence des lymphatiques et conseillé d'insuffler de l'air dans les poumons pour mieux les étudier.

L'anatomie du porc a été imprimée :

Anatome porci. 1502. Venet, in-fol. — Dans Dryander. Anatomie Marburgi 1537, in-fol. — Dans Bernhold, Initia doctrinæ de ossibus ac ligamentis corporis humani. Nuremb. 1794.

Cependant, malgré ces dissections d'animaux, l'anatomie vétérinaire est restée ce qu'elle était dans l'antiquité, c'est-à-dire presque nulle. Les auteurs des traités vétérinaires paraissent avoir complètement ignoré les études anatomiques dont nous venons de parler.

Mauro, dans la première partie de son travail, donne seulement quelques principes d'anatomie.

Columbre, qui vivait à la fin du xve siècle, consacre deux ou trois chapitres à des essais anatomiques et physiologiques plutôt bizarres. Il parle de l'anatomie du cheval et du bœuf d'après Végèce et en reproduit toutes les erreurs.

Pour plus de détails voir l'histoire de l'anatomie des animaux domestiques d'Eichbaum. (Die gesichtliche Entwickelung der Anatomie der Hausthiere. Wienn.)

Les noms des organes sont en partie tirés de l'arabe, du grec, etc., etc., et souvent peu compréhensibles.

Citons au hasard :

La saphène. — « Ceste veine pourtant qu'elle peut estre toujours apparente « est appelée des grecs saphena et vulgairement saphenie. (A. Paré, t. 4, p. 31. La Curne Saint-Palaye. Veine du plat de la cuisse. De Villiers, ch. 113.)

La sous-cutanée thoracique. — Tigraria, cigraria, cinantia, cingularia, veine de la sangle ou de la ceinture.

La veine angulaire de la face. — Larmier des maréchaux, veine de l'œil des bergers, angulaire de l'œil.

La jugulaire. — Vena organica, vena colli, veine organique, veine du cou, maîtresse veine.

Articulations (junctura). — Jarret (garrese). — Face antérieure du jarret (falx). — Hanche (anca).

Fourchette. — Bulletu. Bullisi. Bullesia. (Rusius, ch. 120.) — Bules. (Ms. fr. 25341.)

Crochets. — Scalliones.

Péritoine. — Siphac.

Glanvil, Phébus, signalent un os dans le cœur du cerf.

> Car chascun an ainsi avient
> Que l'os du cuer du cerf devient
> Le jour de saincte croix croisé.

Ces os ou cartilage s'appelait la croix du cerf. Il passait pour guérir les palpitations du cœur.

VII. — Jurisprudence.

Dès le xe siècle, il est fait mention de vices rédhibitoires motivant la résiliation de la vente des animaux domestiques. Les lois de Villis sont à ce sujet très précieuses à consulter. Ces lois anglo-saxonnes, dont une édition complète a été publiée sous le titre de : *Ancient Laws and institutes of Wales*, London, 1841, renferment de nombreuses indications sur l'annulation de la vente et les cas entraînant la rédhibition. Il est même question de délais de garantie, variables suivant les maladies spécifiées pour chaque espèce animale.

D'après Pardessus, la loi des Bavarois, titre XV, contiendrait des règles très développées sur la vente et les vices rédhibitoires. C'est peu probable car le titre XV de la loi des Bavarois ne contient rien de semblable. Le titre XIV intitulé : *De vitialis animalibus* traite des dommages ou blessures volontaires ou involontaires causés aux animaux. Quant au titre XVI, il traite bien de la vente, mais de la vente des esclaves. Il est probable que, comme dans la jurisprudence romaine, ces règles générales étaient applicables à la vente des animaux.

On trouve aussi des renseignements sur les vices rédhibitoires dans les chartes, coutumes, statuts des villes ou de corporations.

Ercolani, t. I, p. 476, mentionne les statuts de Bologne qui établissaient au moyen âge :

1° Les cas dans lesquels on peut intenter une action en annulation de vente ;

2° Les délais fixés ou prescrits pour intenter l'action ;

3° La preuve faite par l'acheteur de l'existence du vice avant la vente.

Dans *les Ordonnances des rois de France* on constate quelques prescriptions relatives à la vente des animaux.

Dans le tome II, titre LXV, p. 382, à propos des courratiers (marchands) de chevaux, § 8, il est dit :

« Les courratiers seront tenus de dire et dénoncer à l'acheteur *tous les*

« *vices apparens ou latens* qu'ils pourroient savoir bonnement sur les
« chevaux, sur peine de rendre l'interest de perte, jusques à la dite somme
« de trente livres et d'être privez de leurs offices, si le cas le requiert,
« à l'ordonnance de nous, ou nos successeurs prévôts de Paris. »
(Année 1375.)

A propos de la confirmation des privilèges accordés aux habitants de
Montolieu en 1392 (Ordonnance des rois de France, t. 7, art. 64, p. 498),
nous voyons que : « celui qui dans le marché aura acheté un animal vicieux
« (*viciosum*) ou malade (*morbosum*) pourra, le marché suivant, obliger le
« vendeur à le reprendre, à moins que celui-ci ne l'ait averti des défauts de
« l'animal qu'il lui vendait. »

Dans les *Olim* il est question de vices rédhibitoires entraînant la résiliation
de la vente. Ainsi dans les vacations de l'an 1327 (n° 7919) nous trouvons
un « arrêt condamnant le nommé *Homède*, maréchal, à reprendre un
« cheval qu'il avait vendu à l'abbé de Lagny et à rendre cent livres audit
« abbé. Ce cheval aveit été vendu cent cinq livres et déclaré bon et
« exempt de vices. Il fut reconnu par des experts faible des jambes et ferré
« avantageusement, *débilis in tibiis et ferratus ad advantagium*. Il était en
« outre poussif, *dictus equus erat pulsivus seu poussif et habebat unum
« falsum quaterium.* » (Jugés : fol. 486.)

En compulsant les archives relatives à la procédure au moyen âge on
trouverait bien certainement de nombreuses indications sur les vices
rédhibitoires. Mais une telle recherche n'étant pas possible, nous devons nous
contenter d'esquisser à grands traits l'histoire de la jurisprudence vétérinaire à l'époque médiévale.

C'est pour la même raison que nous ne ferons qu'effleurer en passant la
partie relative aux dommages causés par les animaux. Nombreux sont les
exemples d'animaux condamnés à être pendus ou brûlés pour avoir causé la
mort d'un homme.

« Une truie marra la joue à un affant en la terre Saint-Martin à Paris. Les
« gens de Saint-Martin prirent la truie et la menerent à Noysi et l'arderent
« sous les fourches de Noysi. »

« Une truie ou porceal tua un affant à Bouffemont en la terre Saint-
« Martin, les gens de Saint-Martin la pistrent et la menerent a Noisi et la
« pendirent aus fourches de Noisi. »

(Tanon. Registre criminel de Saint-Martin-des-Champs au xıv^e siècle.
Paris, 1877.)

Non seulement le propriétaire perdait la bête, mais il était encore tenu à
une indemnité. Il en était de même en cas de blessure non suivie de mort,
à condition toutefois qu'il pût prouver qu'il n'avait pas connaissance de la
méchanceté de sa bête. « *Je ne savais mie que ele eust itele teche.* »

En cas de mort, si le propriétaire de l'animal méchant avouait qu'il lui connaissait ce défaut, il était pendu à cause de son aveu. (An 1270. Ordonnances des rois de France, t. 1, ch. 121, p. 209.)

Rares sont les vices rédhibitoires mentionnés dans les auteurs du moyen âge. La loi des Bavarois, titre 15, paragraphe 9 (Ducange) s'exprime ainsi à propos des esclaves : La vente est valable à moins que l'acheteur ne trouve un vice (*vitium*) que le vendeur lui aurait caché, tel que la cécité (*cœcum*), la hernie (*herniosum*), l'épilepsie (*caducum*), la lèpre (*leprosum*).

La morve était considérée comme rédhibitoire. Il en était de même de la rétivité.

« **Des bestes restives. Le seignor li doit faire rendre ses deniers, et reprendre a l'austre sa beste.** »

(Assises de Jérusalem, Ducange, au mot Mareschalcia.)

VIII. — Inspection des Viandes.

Au moyen âge, l'inspection des viandes était réglementaire, non seulement dans les grands centres, mais même dans de simples bourgades, ainsi qu'il appert de la lecture des anciens textes, notamment des chartes de communes, coutumes, ordonnances, statuts des corporations de bouchers. Je n'en veux donner pour preuve qu'un simple aperçu, renvoyant pour plus de détails aux publications suivantes de M. Morot.

« Autrefois, dit-il, l'inspection des viandes avait ordinairement une « réglementation propre à chaque localité et dépendait le plus souvent de « l'autorité locale. » Mais par suite de la division des pouvoirs, si multiples à cette époque, de nombreux conflits s'élevèrent entre les municipalités et les seigneurs, « voire même le clergé, au sujet des droits d'inspection ».

L'inspection n'en subsistait pas moins et nombreux sont les règlements concernant l'exercice de la boucherie, la taxe et la vente des viandes, le soufflage, l'abatage, l'interdiction de vendre une viande pour une autre, des femelles pour des mâles, etc., etc. Je les laisserai de côté pour ne m'occuper exclusivement que du personnel de l'inspection et des viandes saisies, les seuls points qui intéressent directement la médecine vétérinaire et la pathologie animale.

I. — PERSONNEL DE L'INSPECTION

L'inspection était quelquefois pratiquée par les consuls (Ludesse), par les prud'hommes (Ecosse 1153, Perpignan, Albi, Provins), les échevins (dans certaines villes d'Allemagne), les baillis (Edimbourg, Ecosse 1400).

Mais en général elle était confiée à des préposés spéciaux, nommés par les municipalités ou les seigneurs, prenant, suivant les localités, les dénominations suivantes :

Inspectores, regardatores, provisores, custodes in macellis carnium et piscium, magistri victualium, eswards, eswardeurs, esgardeurs, esjardeurs, regardeurs, visiteurs aux chars, wardes (de esgarde, esgarder, regarder).

A Paris, en 1415, les courtiers de graisse avaient pour mission de recevoir les lards salés et les graisses apportées à la halle. Ils étaient garants de leur bonne qualité.

D'autres fois, comme à Bruxelles, c'étaient les doyens et syndics des bouchers qui étaient chargés de la surveillance des viandes, même de simples bouchers, comme à Arles.

A Naples les préposés à l'inspection juraient sur l'évangile de faire respecter les règlements. Ils étaient punis de peines sévères s'ils y contrevenaient ou se laissaient soudoyer. A Angers, à Sommières, à Arles, à Villeneuve, à Trie, les bouchers juraient tous les ans d'exercer loyalement leur métier et s'engageaient en outre à dénoncer à la justice les vendeurs de mauvaises viandes.

II. — EMPLOI DES VIANDES SAISIES

La réglementation de la saisie des viandes n'était pas uniforme. Elle variait suivant les localités, il en était de même de la dénaturation ou de leur destination future.

Elles étaient brûlées (ars) à Corbie, Saint-Jean-d'Angely, Angoulême, Provins, Rennes, Châtillon.

A Najac, Grenade, Marziac, Saint-Martin, Tournay, Peyrouse, Trie, Salomie, Villefranche, les viandes reconnues impropres à l'alimentation étaient destinées aux pauvres. On les envoyait aux lépreux à Albi.

III. — MOTIFS DE SAISIES

VIANDES DE MAUVAISE QUALITÉ

Viandes malsaines (animalia malesana) ; viandes malsaines et non loyales ; viandes non boine et loiele ; tous vivres affectiés ; chars deraisnables à bon borjois ; denrées mauvaises et moins suffisantes ; char glaireuse ; chair mélancolieuse et non digerable (carnes nimis melancolie et indigestibiles).

VIANDES D'ANIMAUX TROP JEUNES

Caro non nata.

Interdite à Montpellier, Carcassonne et Avignon.

« Et pour ce quand les veaulx ont quinze jours on les tue et on les mengue len

« car la char on est bien attrempée et très bien digerable et prouffitable à gens de
« petit labour. » (Crescens, trad. fr.)

VIANDES AVARIÉES

La saisie s'imposait dans les localités suivantes, même quand la putréfaction n'était qu'à son début.

Carnes vel pisces fœtidi (Perpignan, Collioure). — Carnes corruptas putrefactionique propinquas vel infectas (Savoie, Nice). — Carnes corruptæ (Avignon, Gardemont). — Viandes puantes (Angoulême). — Viande pourrie (Saint-Josse, Villeneuve).

Dans d'autres localités, on en permettait la vente, à condition qu'elles fussent vendues comme telles et non comme viandes saines (Baugé, Bourg, Pont-de-Vaux, Branges).

VIANDES MALADES OU FIÉVREUSES

Caro infirma (Montpellier). — Caro morbosa (Lautrec). — Animali morbos (Buzet). — Carnes infectæ (Lille, Trie, Solomie, Val-le-Roi). — Carnes morbiferæ (Buzet).

La vente de ces viandes était complètement interdite à Montpellier, Carcassonne, Avignon, Figeac, Lautrec, Buzet.

Elle était prohibée dans les boucheries, mais permise dans des étaux spéciaux à Saint-Symphorien, Montcuq, Apt, Arles.

A Châtillon, les bouchers ne pouvaient vendre de la viande de bœuf ou de vache s'ils n'avaient pas vu manger l'animal avant l'abatage.

VIANDES D'ANIMAUX MORTS

Carnes morticinæ saluti humanæ contrariæ (Montaulieu). — Morie (Montpellier, Villeneuve, Avignon, Carcassonne). — Morine (La Curne Sainte-Palaye, Godefroy).

Saisies dans certains endroits, dans d'autres elles étaient tolérées, mais dans des étaux spéciaux (Apt, Arles, Perpignan).

« Nul boucher ne pourra vendre char de *morine*. » (1381, ord. vi. 616.)
« Ceulx qui seront trouvés vendans bestes mortes ou *morines* en seront puniz. (1487, ord. xx. 42.)

Les expressions *morine, morie, morye, mourie, muric* ont toutes pour signification cadavre de bêtes mortes de maladie. Elles dérivent du bas latin *morina* qui a pour radical le latin *mors*, mort, cadavre.

Cependant, dans certaines contrées de la France, *morine* s'applique à certaines épizooties.

VIANDES LADRES

Latin. — Caro leprosa, lepra (Montpellier, Montréal, Paris). — Carus meselas (Albi). — Porcum granatum, carnes granatæ (Bourgoin, Montréal).

Français. — Chair grenée (Louhans). — Char millargeuse, millargue (Angoulême, Bordeaux). — Char seursemée, chair sursemée, suresemée (1301, 1351, 1415, 1440). — Surseme, sorsemé, soursemé, soussemé. — Esgrené, grené. — Mesel, meseaul.

Les expressions de *leprosa, lepra* sont synonymes de lèpre, d'ulcères. Il en est de même du mot *ladre* qui, d'après Littré, tirerait son origine du Lazare de la Bible, couvert d'ulcères. Il est donc probable que les anciens considéraient comme des ulcères les vésicules ladriques disséminées dans le tissu musculaire des porcs.

Meseau, mezel, mesel, meseaul, meselerie, mesellerie, mezelerie avaient la même signification.

> Mieus ne vousist estre mesel
> Et ladres....
>
> (Flor et Blanchefl. V. 1021.)

Quand aucun achepte des porcs au marché.... et le langoyeur trouve qu'ils soient *mezeaux*, le dit achepteur ne sera tenu les prendre. (La Curne Sainte-Palaye.)

A Guernesey on dit encore d'un porc ladre qu'il est *mésé*.

Mesel signifiait aussi gâté, corrompu, pourri. Il en est de même du mot *millarge*.

« Tous bouchers vendans aux bans char millargeuse doivent encore la peine de « vingt cinq sols. » (1378, ord. V, 681.)

Scursemé, soursamé, soursemé, soursaimé, sourssamé, sursamé, sursemé, surseumé, sorsemé, sorcemé, sorsamé.

« Nus bourgois ne venge char de truie ne *soursamée* ne pourrie. » (1270. Arch. Saint-Omer, A. B, xviii, 16, n° 47.)

Toutes ces expressions viennent de la préposition *sur* et du verbe *semer*.

Elles signifiaient aussi au moyen âge graine semée sur une autre, semée par-dessus.

Il est certain qu'on l'appliquait aux porcs dont le tissu musculaire renfermait une telle quantité de vésicules ladriques, qu'on pouvait les considérer comme semées les unes sur les autres.

C'est de là également que viennent les mots *granata, grené*, en grains applicables aux vésicules ladriques ou grains de ladre.

La viande ladre était absolument prohibée à Douai, Abbeville, Aix. Elle était tolérée dans d'autres villes, sous réserve de certaines conditions.

Ainsi à Amiens, Montdidier, Vailly, Corbie, Reims, Dôle, Évreux, Caen, la vente en était permise à condition qu'elle fût vendue comme telle.

A Paris, 1351, Bordeaux, Amiens, Rouen, la vente n'était admise que dans des étaux spéciaux. *Bas estal* (corbie), *étaux de basse boucherie* dits *craberie* (Bordeaux). En 1486, à Paris, la vente des lards provenant de porcs ladres était autorisée le Jeudi Saint, à la foire aux lards.

Il était absolument interdit de s'en servir à Paris pour la fabrication des saucisses (1301), des pâtés, des rissoles (1440).

Pour sauvegarder les intérêts des commerçants, on examinait les porcs sur pied. Le langueyage était déjà institué dans certaines villes.

L'on connoist le porc a la langue se il est sains ou sursemez. (Laurent, Somme. Ms. Alençon, 27, f° 70, r.)
Langoyeurs de pourceaux. (Ch. 1393. Liv. rouge. Arch. γ², f° 96. v°.)
Perrin Landry, langoieur ou essaieur de pourceaux. (1378. Arch. j. j. 113.)

A Reims, il existait déjà des langueyeurs ou visiteurs de porcs.

Dès 1351, à Paris, le langueyage était fait par des trieurs de porcs cumulant les fonctions de langueyeur et opérant pour le compte de la corporation des bouchers. Mais à partir de 1403 le cumul leur fut défendu.

La viande ladre était brûlée (*ars*) à Paris; confisquée au profit des hospices à Reims; au profit de la maladrerie (Aix); donnée aux pauvres (Corbie, Rouen); aux prisonniers (Rouen, Caudebec).

A Caen, Rouen, le gras des porcs ladres saisis était donné aux inspecteurs qui avaient constaté le délit.

Langoier, langoyer, langayer, languayer, languyer, langueer, langoieur, langoyeur, langayeur, etc., etc., viennent probablement de *lingua*, langue, et de *arrere, aier, ayer*, arrière, derrière; d'où, par extension, regarder en arrière en dessous de la langue.

VIANDES TUBERCULEUSES

Absolument prohibées.
Voir : Maladies contagieuses.

IX. — Ferrure.

Parler de la ferrure serait faire l'historique de la maréchalerie et je n'ai nullement l'intention de me livrer à cette étude. Je ne puis cependant passer sous silence cette industrie dont le vétérinaire a su tirer profit pour remédier aux défectuosités, aux maladies du pied. Je me bornerai à donner un rapide aperçu de son évolution pendant la période médiévale, renvoyant pour plus de détails au livre si documenté de Mégnin.

Si la connaissance de la ferrure chez les peuples de l'antiquité reste encore à l'état d'hypothèse, il n'en est pas de même au moyen âge. Dans les premiers siècles, les preuves écrites faisant défaut, on ne peut étayer son opinion que sur des faits incertains, reposant sur la découverte de fers anciens dans le sol des contrées où ont eu lieu le choc des hordes barbares. Plus tard les preuves écrites fourmillent et enlèvent toute incertitude.

Dans l'histoire de la médecine vétérinaire de l'antiquité, j'ai montré que, ni les hippiatres grecs ni Végèce n'avaient mentionné la ferrure dans les chapitres relatifs aux maladies de la région digitée. Les auteurs du moyen âge, tout en étant très prolixes, ne gardent pas cette réserve. Ils ont du moins indiqué quelques notions de ferrure normale et pathologique.

Eichbaum pense que les premiers écrits sur la ferrure remontent au IX⁰ siècle. Il signale une ordonnance militaire du roi byzantin Léon IV mentionnant un fer en croissant. Il est parlé de la ferrure dans les lois de Wallis, dans les lois saliques, dans les *Sachsenspiegel* si répandus en Allemagne.

Dans le chapitre du présent livre relatif à l'exercice de la médecine vétérinaire, j'ai parlé longuement des maréchaux qui, à cette époque, tenaient en mains et la ferrure et les maladies des animaux. Je n'y reviendrai donc plus.

Toutefois, à côté des Rusius, des Ruffus, des Théodoric, des Dino Dini, si habiles dans leur art, il y avait des maréchaux de moindre valeur, des malhabiles *imperiti*, et, leur nombre ne paraît pas avoir été une quantité négligeable, si l'on en juge par les épigrammes suivants :

> « A tous ces chevaliers
> « Qui vont errant par terre
> « Fame est plus nuisers
> « Que marichaus qui ferre.
>
> Ms. 7615. In-fol. 139. (La Curne Sainte-Palaye.)

> « Adviser doit être le mareschal
> « Qui ferre d'autruy le cheval
> « Car pour l'enclouer en retraire
> « Puet trop le maistre avoir contraire.
>
> (Desch., f⁰ 443 c.)

« Ici orrés la raison des mareschaus de bestes, qui par leur maumeger ou par « leur mauferrer mahaignent aucune beste… »

(Recueil des historiens des croisades. T. 2. Lois. Livre des assises de la cour des bourgeois.)

Nous avons vu qu'il y avait des maréchaux civils qui suivaient les armées comme gagistes. Nous en avons donné la preuve, en citant le fait de Drouet Guibert, maréchal à Lisy-sur-Ourq, qui, en 1416, suivit l'armée du duc de Bourgogne.

D'après Siméon Luce (Hist. de Duguesclin, p. 335), en 1363, « chaque compagnie (aventuriers anglais qui occupent la Champagne) a ses maréchaux ferrants ». (J. J. 98, n⁰ 195.)

1413-1457. — « Et s'en retourna la compaignée repaistre à deux lieues de là,

« puis vinrent coucher à Bar, pour faire ferrer les chevaulx, car il faisoit si
« grandes glaces que tout estoit déferre. »

(Petitot. Coll. mem. rel. à hist. de France. T. 8, p. 469. Histoire du comte de
Richemont.)

Il n'y avait pas que les laïques qui exerçaient l'art de la maréchalerie ;
les religieux en prenaient leur part. Nous en trouvons la preuve dans une
lettre de rémission du 13 janvier 1382, accordée à Jacquemin Ausbry,
escuier qui avait tué un « frère convers », lequel avait refusé de ferrer son
cheval.

(Soc. hist. de France. Choix de pièces inédites sur Charles VI. T. 2, p. 63.)

Citons enfin pour terminer cet étonnement des croisés qui semble démontrer que la ferrure des bœufs était chose inconnue en France.

1053-1124. — « Vous eussiez vu en cette occasion des choses vraiment éton-
« nantes et bien propres à exciter le rire : des pauvres ferrant leurs bœufs à la
« manière des chevaux, les attelant à des chariots à deux roues. »

(Guizot. Coll. mem. relat. à l'hist. de France. Guibert de Nogent. Hist. des croisades, l. 2, p. 57.)

Les fers du moyen âge étaient assez lourds, ordinairement percés de six
étampures. Ils offraient parfois, dit Mégnin, « une indication importante,
consistant dans la marque du maréchal qui les a forgés ».

Voici les indications que nous trouvons dans Ruffus et Rusius à propos de
la ferrure normale.

Ferrer suivant le pied pour que l'ongle ou sabot soit apte à la rotondité
du fer. (Ruffus, ch. 62.)

Il faut ferrer de fers bons et convenables à son pied, ronds comme la
corne, extrémité du tour du fer étroite et légère. Plus elle sera légère, plus
il lèvera facilement le pied. (Rusius, ch. 28.)

Plus on ferre un cheval jeune, plus la corne est tendre et friable, au
contraire l'accoutumance d'aller sans fers fait la corne plus grande et plus
dure.

Théodoric, Rusius, Dino Dini donnent quelques indications relatives à la
ferrure pathologique.

Dans l'entretaillure, Théodoric, Rusius (ch. 119) recommandent, si le mal
vient du pied postérieur, de couper la corne plus en dehors qu'en dedans.
D'autres plaçaient un anneau sur le « calcaneum » du fer en dehors du pied ;
fers élevés en dedans et bossus en dehors. (Théodoric.)

Dans le pied panard ou cagneux, Rusius (ch. 121) conseille de préparer le
pied au fer, en coupant la corne plus en dehors qu'en dedans, et de placer un
fer plus haut en dehors qu'en dedans.

Dans le cas de fourbure, Rusius (ch. 137) dit qu'il faut déferrer les quatre
pieds « *defferatis equi quattor pedibus* ».

Dans le pied tors « *tortum* », d'après Théodoric (ch. 15) il faut parer le pied en dessous bien également afin que le fer pose directement à plat sur le pied, mettre quatre clous dans la partie qui chausse trop et trois seulement dans l'autre.

Dans Guillaume de Villiers (ch. 120), à propos de la nerf-férure, nous trouvons l'indication suivante :

« Que le cheval soit ferre d'un fer a potence et a planche et que la potence soit
« de 3 dois de hault et que le fer soit mis et attache au pie du cheval. C'est assa-
« voir du pie la ou n'est point la maladie afin qu'il puisse bien eslongne la jambe
« la ou est le nerferure. »

D'après Dino Dini, Guglielmo Lucci dalla Scorperia était très habile à ferrer des pieds pathologiques. Il passait, dit-il, plusieurs jours à ferrer un pied malade. Ses fers étaient très beaux et ne présentaient aucune trace de coups de marteaux. Il mettait quelquefois de 14 à 15 clous pour un grand fer.

INDEX BIBLIOGRAPHIQUE [1]

Acta Sanctorum. — Quotquot toto orbe coluntur... Joannes Bollandus, Godfridus Henschenius, in-fol., 1863.

Afflitto. — Degli scrittori del regno di Napoli.

Bettinelli. — Risorgia d'Italia.

Bruce Whyte. — Histoire des langues romanes. Paris. Treuttel et Wurtz, 1841. 3 vol. in-8°.

Brunet. — Manuel du libraire et de l'amateur de livres. Paris. 1860-65 et suiv.

Buhle. — De fontibus ubi Albertus Magnus in libris suis de animalibus hauserit. Mém. soc. roy, Gœttingue. T. XII.

Barbieri. — Index à la suite de : La mascalcia di Lorenzo Rusio da Pietro Delprato. Bologna, 1867. 2 vol. in-8°.

Borel. — Dictionnaire des termes du vieux français ou trésor des recherches et antiquités gauloises et françaises. Paris, 1750.

Dom Bouquet. — Recueil des historiens des Gaules et de la France. Paris, 1738.

Cimber et Danjou. — Archives curieuses de l'histoire de France. Paris, 1834-40, in-8".

Cotgrave. — A french and english dictionary. London, 1660.

Delprato. — Notice storiche degli scrittori italiani di veterinaria. La Mascalcia di Lorenzo Rusio. Collezione di opere inedite o rare dei primi tre secoli della lingua. Bologne, 1867.

Ducange. — Glossarium mediæ et infimæ latinitatis. Dig. Henschel. Didot, 1840.

---

(1) Dans cet index ne sont compris que les auteurs cités sans indication de leurs travaux.

Eichbaum. — Grundriss des Geschichte der Thierheilkunde. Berlin, 1885.

Ercolani. — Ricerche storico analitiche sugli scrittori di veterinaria. Torino, 1851.

Fantuzzi. — Notiz. degli. Scrittori bolognesi. Bologna, 1786.

Morel Fatio. — Catalogue des manuscrits espagnols et portugais de la Bibliothèque Nationale. Paris.

Freschi. — Aggiunte alla storia. Pram. di Sprengel.

Fleming. — Chronological history of animal plagues from. B.C. 1490 à A.D. 1800. London.

Godefroy. — Dictionnaire de la langue française du ixe au xve siècle.

Guérin. — Les petits Bollandistes. 1873.

Grœse. — Trésor des livres rares et précieux ou Nouveau dictionnaire bibliographique. Dresde. Paris, 1859.

Heusinger. — Recherches de pathologie comparée. Cassel. Hesse électorale. Henri Hotop. 2 vol. 1853.

Huzard. — Catalogue des livres, dessins, estampes de la bibliothèque Huzard. Paris, 1842. 3 vol. in-8°.

Hœnel. — Catalog. librorum manuscriptorum qui in bibl. galliœ, helvctiœ, belgiœ, britannicœ, etc. asservantur. Lipsiœ, 1830.

Honorat. — Dictionnaire provençal-français ou dictionnaire de la langue d'oc. Digne, 1846.

Jourdain. — Recherches sur l'âge et l'origine des traductions d'Aristote. Paris, 1843.

Jaubert. — Glossaire du centre de la France. Paris. Chaix, 1864.

A. Koch. — Encyclopœdie der gesammten Thierheilkunde und Thierzucht. Wienn und Leipzig. Moritz Perles, 1886.

La Curne de Sainte-Palaye. — Dictionnaire historique de l'ancien langage français. Paris, 1875.

Littré. — Dictionnaire de la langue française. Paris, 1844-1877.

Michaud et Poujolat. — Collection de mémoires pour servir à l'histoire de France depuis le xiiie siècle jusqu'au xviiie siècle. 1836-44. 32 vol. in-8°.

Molin. — Jordani Rufi Calabriensis hippiatria. Patavii, 1818.

Morsand. — Catalog. manus. italiani della regia bibliotheca Parigina.

Morcillo Ollala. — Bibliografia veterinaria espanola. Jativa, 1883.

Morot. — De la réglementation du commerce des viandes du xiie au xvie siècle, dans plusieurs localités faisant actuellement partie de la France, d'après les documents anciens, notamment des chartes, coutumes et privilèges. Bull. soc. cent. méd. vét., 1890, p. 485.

Id. — De la réglementation concernant la viande du porc ladre à Paris du xive au xviiie siècle. Presse vétérinaire, 1891, p. 241.

Id. — Essai sur l'histoire de l'ancienne réglementation du commerce de la boucherie dans les divers pays d'Europe. (Moyen âge, renaissance.) Presse vétérinaire, 1891, p. 74.

Id. — De la réglementation concernant les viandes de porc ladres dans diverses villes de France du xiiie au xviiie siècle. Journal de Lyon, 1891, p. 469.

Mégnin. — La maréchalerie française, son histoire, depuis son origine jusqu'à nos jours. Paris, 1867.

Métaxa. — Trattato delle malattie epizootiche e contagiose. Roma, 1816.

Ménaye. — Dictionnaire étymologique de la langue française. Paris. Briasson. 1650.

Neumann. — Biographies vétérinaires. Paris. Asselin, 1896.

Nicaisse. — La pharmacie et la matière médicale au xiv⁰ siècle. Extrait de la *Revue Scientifique.* Paris, 1892.

Id. — La grande chirurgie de Guy de Chauliac, composée en l'an 1363, gr. in-8°, p. cxci, 747. Paris. Alcan. 1890.

Pardessus. — Origine du droit coutumier en France jusqu'au xiii⁰ siècle. Mémoires de l'Institut. T. X.

Parenty. — Vie de saint Éloi par saint Ouen (traduction). Plancy, 1852, in-12. Tournay, 1853, in-12.

Pertz. — Monumenta germaniæ historica.

Jérome Pichon. — Du traité de fauconnerie composé par l'empereur Frédéric II. Manuscrits, éditions, traductions. Paris, 1864, in-8°, 16 p.

Postolka. — Geschichte der Thierheilkunde. Wienn, 1887, 2ᵉ édit.

Pouchet. — Histoire des sciences naturelles au moyen âge. Baillière, 1853.

Filippo Re. — Elogio de Piero di Crescenzi. Bologna, 1812.

Richelet. — Dictionnaire de la langue française ancienne et moderne. Paris, 1728.

Roquefort. — Glossaire de la langue romane. Paris, 1808.

Sarti. — De claris professoribus Archygymnasii Bononiensis.

Saint Ouen. — Vie de saint Éloi. 1693.

Dominico Scavo. — Memorie per servire alla storia litteraria de Sicilia. Palermo, 1756.

Signorelli. — Della coltura delle due Sicilie. Napoli, 1784.

Société histoire de France. — Paris. Renouard.

Tiraboschi. — Storia della litteratura italiana.

Zambrini. — Le opere vulgari e stampa dei secoli xiii⁰ et xiv⁰ sc. 1878.

FIN

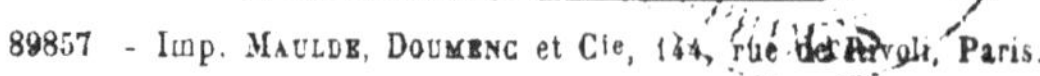

89857 - Imp. MAULDE, DOUMENC et Cⁱᵉ, 144, rue de Rivoli, Paris.